多米尼克超级记忆法

开发你的脑力

You Can Have an Amazing Memory

Dominic O´Brien
〔英〕多米尼克·奥布莱恩 著　　曹怡鲁 译

浙江人民出版社

图书在版编目（CIP）数据

多米尼克超级记忆法 ：开发你的脑力 / （英）多米尼克·奥布莱恩著 ；曹怡鲁译. — 杭州 ：浙江人民出版社，2024.1

ISBN 978-7-213-11219-5

Ⅰ. ①多… Ⅱ. ①多… ②曹… Ⅲ. ①记忆术—通俗读物 Ⅳ. ①B842.3-49

中国国家版本馆 CIP 数据核字（2023）第203423号

浙江省版权局
著作权合同登记章
图字：11-2022-446号

多米尼克超级记忆法：开发你的脑力
DUOMINIKE CHAOJI JIYIFA: KAIFA NI DE NAOLI
[英] 多米尼克·奥布莱恩　著　曹怡鲁　译

出版发行：浙江人民出版社（杭州市体育场路 347 号　邮编：310006）
市场部电话：（0571）85061682　85176516
责任编辑：方程　营销编辑：陈雯怡　陈芊如　张紫懿
责任校对：何培玉　责任印务：幸天骄
装帧设计：蔡炎斌　特约编辑：涂继文　王雪莹
电脑制版：北京之江文化传媒有限公司
印　　刷：杭州丰源印刷有限公司
开　　本：880 毫米 × 1230 毫米　1/32　印　　张：9.125
字　　数：144 千字　插　　页：2
版　　次：2024 年 1 月第 1 版　印　　次：2024 年 1 月第 1 次印刷
书　　号：ISBN 978-7-213-11219-5
定　　价：68.00 元

大脑就像一只箱子，

安排合理，

似乎塞得下所有东西；

安排不合理，

又好像什么都装不下。

多米尼克·奥布莱恩记忆成就

日期	主要成就
1987 年	开始记忆训练；首次记一副扑克牌，用时 26 分钟
1989 年	世界纪录：6 副扑克牌
1989 年 6 月 11 日	世界纪录：25 副扑克牌
1990 年 7 月 22 日	世界纪录：35 副扑克牌
1991 年 10 月 26 日	获世界记忆锦标赛冠军（第一届）
1993 年 8 月 8 日	获世界记忆锦标赛冠军（第二届）
1993 年 11 月 26 日	获世界纪录：40 副扑克牌
1994 年	获智囊团的“年度最强大脑”称号
1994 年 3 月 25 日	世界纪录：快速记扑克牌项目，成绩：43.59 秒 /1 副扑克牌
1995 年	被列支敦士登菲利普亲王殿下授予“特级记忆大师”称号

1995 年 4 月 21 日	获首届世界比洞锦标赛冠军
1995 年 8 月 6 日	获世界记忆锦标赛冠军（第三届）
1996 年	世界纪录：快速记扑克牌项目，成绩：38.29 秒 /1 副扑克牌
1996 年 8 月 4 日	获世界记忆锦标赛冠军（第四届）
1997 年 8 月 23 日	获世界记忆锦标赛冠军（第五届）
1999 年 8 月 27 日	获世界记忆锦标赛冠军（第六届）
2000 年 8 月 22 日	获世界记忆锦标赛冠军（第七届）
2001 年	世界纪录：同时记忆 2 副扑克牌
2001 年 8 月 26 日	获世界记忆锦标赛冠军（第八届）
2002 年 5 月 1 日	世界纪录：54 副扑克牌
2005 年	获世界记忆锦标赛颁发的“全球促进记忆终身成就奖”
2008 年	校园记忆锦标赛联合创始人兼首席协调员
2010 年	世界记忆运动理事会总经理

目　录　CONTENTS

前言

小时候，我被诊断出患有阅读障碍症。学校的班主任对我说，我的一生不会有多大出息。事实上，在我整个学生时期，没有人对我抱有太大的希望。当然，也没有人会想到有一天，我会因为拥有惊人的脑力被载入《吉尼斯世界纪录大全》。更没有人想到，我会荣获世界记忆冠军的称号，而且不止1次，是多达8次！在我10岁的时候，学校老师给我的评价，都是一些令人沮丧的话：

他总是在做算术题的时候发呆，不跟着老师的思路走。

多米尼克上课不专心，脑子似乎跑到宇宙去了，根本不在地球。

反应极慢，经常跟不上老师的提问，他必须学会集中注意力。

除非多米尼克彻底改变自己，把心思放在学习上，否则他将一事无成……这孩子的反应真是奇慢无比。

尽管这些话听起来很刺耳，但相当准确地描绘了我当时的状态。我自己都觉得我的大脑就像一块处于瘫痪状态的肌肉，怎么也无法集中精力。这一点，我的老师们都知道，他们不断地遭受教不会我而带给他们的打击。那时候，教育行政部门还没有出台今天这样的教师行为准则，教师的行为还没有受到监管。当时有一位老师对我尤其刻薄，他常常使劲地推我，冲我大喊大叫，还当众羞辱我。我后来猜想，老师或许只是有意刺激我，想把我从显而易见的愚笨中唤醒。

毫无疑问，上学让我感到极大的压力，更准确地说是恐惧。到我 11 岁时，我已经极其厌学，而且不只这样，我还失去了所有的自尊。很遗憾，我不得不说，至少在当时，能早一点放学走出校门，是我最盼望的事。

大约 15 年后，我开始学着记忆一副扑克牌。我无法向你描述这件事对我的意义，它不仅让我获得了敏捷的思维，而且象征着我的胜利。它无异于让我回击了年少时期受到的所有虐待、否定以及对我的一切不良评价。我突然意识到，也许我并不见得是大家所料想的那种一事无成的人。我心想，如果我能记忆一副扑克牌，那么还有没有其他的事情我也能做到呢？渐渐地，一个一个的迹象表明，我可以把自己打造成具有惊人记忆力的人；我开始有了自信心，开始信任自己。于是，一扇扇充满机遇的大门向我敞开，一个崭新的世界展现在我的面前。

如今，昨日糟糕的记忆力历经考验，在经历 25 年严格的记忆训练后，它大放光彩，成了我引以为豪的特长。可惜的是，上学的时候我没有发现并实践这门记忆的艺术！

在这本书中，我将向你展示如何训练自己的记忆力，让你像杂技演员一样，展现出高难度的、你从未想过自己能做到的心智能力，还能让你像我一样，大大提升自信心。当你意识到自己拥有巨大的记忆潜力时，你很快就会发现这种潜力不仅只是记忆力，你的整个脑力都被开发出来，比如专注力、迅速反应能力（即“流体智力”）、当众讲话的自信心，甚至是被扔进一个陌生的人群中让自己快速适应的能力。

我会带你一路分享我的发现之旅，告诉你我是如何取得今天这些成就的。我会为你提供一套工具和技巧，帮助你发掘自己的记忆天赋，也更希望你和我一样，尽情享受这趟神奇的旅程。

多米尼克·奥布莱恩

如何使用这本书

与许多其他致力于改善记忆的指南不同，本书并不打算详尽地介绍所有的记忆技巧。相反，本书着重讲述的是，我是如何获得强大记忆力，以及我是怎么看待人脑工作原理的过程。迄今为止，我一共获得过 8 次世界记忆锦标赛冠军。而我之所以能够做到这一点，是因为我通过不断地试错，始终不曾动摇的毅力和全身心的投入，发现了让我拥有完美记忆力的具体方法。通过这本书，我希望能用我自认为有效的方法，帮助大家快速提升记忆力。我相信，像我这样小时候那么愚笨的人，通过这些方法能让我成为世界记忆冠军，同样也适用于你。

为使收效最大化，请你一定不要只是随意翻翻本书，浅尝辄止，或者只随机选择性地阅读部分章节。因为在本书的前半部分，各章节的内容都是循序渐进的。因此，如果你没有按顺序阅读，对一些技巧或细节就会难以理解。本书的后半部分着重讲解应用这些方法的各种技巧，包括专门的和用于日常生活的练习。你可以抽出一些时间集中训练，也可以在日常生活中随时进行练习。本书还讲了一些关于如何确保身体和大脑健康的知识，对于记忆训练也是相当重要的。

你可能想知道，学习这些方法需要多长时间才能奏效呢？我只能说，没有确切的答案。有些你可能一学即会，有些则需要一段时间的练习。重要的是，你不能放弃。但是，我确实有个建议，那就是，你要确定自己已经完全掌握了前一个方法之后再开始学习下一个新的方法。这就如同你要想学会记住一整副扑克牌，必须先学会记住前 20 张牌一样。千万不能贪多求快，总想着一口吃个胖子，否则你会很快失去信心，同时产生挫败感而导致最终放弃。

还有一点我必须说明，虽然本书为你提供了这些方法，但光看书是不够的，每一种方法都需要训练，你还是得多加练习。你愿意的话，可以每天花一点时间记忆扑克牌或几组数字。其实，日常生活中有很多场景和机会可供练习，你甚至都不必特意专门辟出时间去完成。关于这一点，我将在第 27 章详细介绍。

书中还有 15 个练习。第一个和最后一个是基准测试，目的是让你从得分的提高看到自己的进步；其余 13 个练习各自涉及某个特定的记忆训练，这些训练旨在促进你练习技能、多接受挑战以发展记忆能力。有些练习是需要计时的，所以我要强调，当你开始练习的时候，就要养成看时间的习惯。我强烈建议你买个计时器（现在的智能手机都有计时功能——编者），设置响铃时间，时间到，铃声自动响起，结束练习。

不过，最重要的是，你一定要保持放松的心态，在阅读本书或进行练习时，一定要积极进行尝试。我确信，成功始于信念。

祝你好运！

一

你的记忆，我的记忆

人脑有两个半球，或者说两个半脑：左半脑和右半脑。现在人们普遍接受这样的观点：左半脑支配身体右侧的活动，右半脑支配身体左侧的活动。这也许可以解释，为什么测试显示我的右脑相对发达，因为在日常生活中我是一个左撇子，大部分活动我都是用左手或左脚完成的：我用左手写字和拿东西，我用左脚踢球——曾经是学校足球队的左前锋队员。

但人的两个半脑究竟是如何工作的呢？它真的如此简单吗？

事实上，关于左右半脑功能的理论不断更新，争议也从未停止。1981 年，诺贝尔奖评定委员会将大家梦寐以求的诺贝尔生理学或医学奖授予了神经心理学家罗杰·斯佩里（Roger Sperry，共同获奖），表彰他揭开大脑两半球功能分工，为人们了解人脑更高级功能提供了新的科学观念。斯佩里表示，大脑的每个半球都负责特定的功能。那么具体哪一边负责哪项功能呢？自 20 世纪 80 年代以来，人们一直认为左半球负责顺序、逻辑、言语、分析和计算等活动，而右半球涉及想象、色彩、节奏、维度和空间意识等活动。然而，最近更多的研究表明，这种区分不可能做到绝对的泾渭分明。当今的心理学家认为，人脑的两个半球都参与了这些活动，只是它们执行这些活动的方式有所不同。我们知道，左半脑更关注细节，而右半脑更关注宏观的画面。以语言的记忆和理解方式为例，左脑可能负责语言的存储和组织，右脑则更多地关注语调和幽默感等。也就是说，右脑更关注说话人的语调带给语义的影响。

以词汇“滚开！”为例。如果有人用愉快、友好的口吻对你说这句话，那表达的是一种娇嗔或爱意。这时如果你起身离开，真的要“滚”，说明你的右脑功能不够发达，你只是在逐字逐句地理解这些词语的表面意思。这就是典型的左脑思维，表明大脑的左半球通常缺乏幽默感，而右半球对世界的看法更广泛，会从更广阔的视角理解对方的话，而不只是停留在表面。所以，右脑帮助左脑决定该专注哪些细节。

我相信，记忆力要提高，就必须让大脑两个半球以最有效的方式协作。在本书中，我将教你如何将逻辑、秩序和思维（左脑思维）等方式应用于想象丰富、斑斓色彩、诙谐幽默的画面（右脑思维），让一切和谐同步，更好地发挥两个半脑的优势。而且，这些方法不会让你觉得辛苦。稍加练习，大脑的两半球协同工作就会自然开始，你的记忆力也会变得越来越好。

典型的右脑人

我记得上学时，在课堂上，我大部分时间都看着窗外，幻想着自己在别的什么地方；或者茫然地盯着老师的脸，他的话则一句也没听进去。也就是说，我大部分时间都在做白日梦。你可能觉得，我做的白日梦是些有趣的故事，多少有个逻辑主线。但事实并非如此，我做的白日梦是随意的、没有重点且毫无意义，故事线不一定在什么时候冷不丁地就跳转了，常常是神游九天，漫无边际。我甚至怀疑，我的左脑无法持久地处于处理具体信息的恰当状态，从而让右脑常常不受约束、随意闯荡，犹如脱缰的野马。这对学生时代的我来说绝对是场灾难，但如今我认为，正因如此，我这种能从多角度看问题的方式，更富于创造力，在记忆训练中是至关重要的。

第一步：测试你的记忆力

为了衡量你学习本书方法后的进步情况，你需要知道自己的起步线，它也被称为基准线。接下来的几页内容提供了两个基准线测试，目的是帮助你了解自己现有的记忆水平。

通常来说，人的短时记忆大概是7—9条信息。为了便于记忆，电话号码不算区号，往往设置为6到7位数字。这也是为什么我们常发现，死记硬背或者说单纯靠重复以达到记忆目的的机械记忆，不一定是最有效的记忆方式，注意方式方法，运用有效的策略才能产生最佳的效果。

现在我们来做下面这两个测试题。如果你觉得难度大，不要沮丧，那是因为我还没有教你最好的记忆策略和技巧。如果你在其中一个测试中表现不佳，或两个测试都表现不佳，不要太苛责自己。你记录下分数，然后开始阅读本书。我相信，读完本书后，熟练地掌握本书的这些技巧，再做一下书末的对比测试题——结果一定会让你大吃一惊。我相信，我多年的经验、发现以及自创的技巧，会让你的记忆潜力最大限度地发挥出来。说真的，到目前为止，我发现自己的记忆潜力是无限的，我曾训练过的学员的记忆潜力也是无限的！

基准线测评

通过以下两个测试，你将获得自己目前的记忆力分数。在你学习了本书中的技巧后，可以根据它来衡量自己的进步。第一个测试里包含一个30个词语的列表，你必须按照正确的顺序将它们记住。第二个测试里包含一个数字列表，你也必须按照正确的顺序记住这些数字。每个测试的时限是3分钟。请使用计时器定时，防止自己不断地看时间耽误工夫，评分规则附在题目后面。

测试 1： 3 分钟词语记忆

请按照从左向右逐列由上而下的顺序记住以下词语，要求书写正确。你有3分钟的时间用来记忆。时间到，立即写下回忆的词语。不许偷看哦！

小提琴	管弦乐队	铅笔
骑士	鲱鱼	邮票
手提箱	文件	彩虹
项链	窗户	地毯
雪球	桌子	桃子
婴儿	皱纹	软木塞
面具	球	行星
玫瑰	照片	杂志
尖塔	大象	黄金
生姜	奖杯	手表

评分规则：写对一个词语且位置正确，得1分；位置错误，扣1分（比如漏写一词或记错位置）。两词位置互换，则扣2分，但如果下一个词语正确，则计分恢复，就像不曾犯错。通常，10—14岁学生在这项测试中的平均得分为9.5分。我估计，成年人的得分会稍高一些。

测试 2： 3 分钟数字记忆

请按照正确的顺序，从左到右记住下列数字，限时3分钟。时间到，立即默写数字。不许偷看哦！

1	7	1	8	9	4	6	4	3	9
2	5	3	7	3	2	4	8	5	6
4	6	9	3	7	8	3	1	7	8

评分规则：按照正确的顺序默写数字，多多益善。数字正确，得1分；数字错误或位置写错，扣1分。如果把两个数字位置搞反了，扣2分；但如果下一个数字正确，恢复得分，做法同词语记忆测试。通常，10—14岁学生在这项测试中的平均得分为12分。同样，我觉得成年人的得分会稍高一些。

二

我的记忆之旅是如何开启的

大多数人认为，记忆是理所当然的大脑功能，但事实并非如此。很多人都会健忘，比如有人会经常忘记朋友或亲属的生日，或者想不起来别人的名字，或者去商店买东西时总是忘记买某样东西而不得不再跑一趟。我们可能会说："我真希望自己的记忆力好一些！"但大多数人只是说说而已，并不是对记忆的重要性有什么切身的感受。很少有人会静下心来了解记忆到底是怎么回事，或者感谢自己有这么一个不可思议的重要工具。

请大家略微地思考一下，如果突然失去记忆，你的生活将是什么样子？你记不住朋友和家人长什么样，他们都住在哪里，不再有曾经熟悉的周围环境；你甚至不知道自己是谁，你会失去归属感，不知道自己和谁有关，住过哪些地方，又去过哪些地方。往日的经验教训是对自我形象认知的基础，而这些同样也会被抹去，记不住自己犯过什么错误，获得过哪些成就。这种没有归属感，没有对自己方方面面的认知，不知自己经历过何种坎坷，不知自己持何立场的人生将是一场悲剧。

相反，拥有强大的记忆力就会完全不同，它非常实用。比如你记得亲戚的电话号码，知道钥匙放在哪儿，记得如何制作比萨，等等。不仅如此，记忆力可使你拥有丰富的内心世界。当我发现自己的记忆力超群时，我拥有了自信和力量。

我想先带你回到我记忆之旅的起点。那是 1987 年，当时我 30 岁。有一天，我在电视上看到记忆大师克莱顿·卡夫罗（Creighton Carvello）正在回忆一副扑克牌，共有 52 张，顺序是随机的。我着迷极了，强烈地想知道他是如何做到的，感觉那超人般的记忆力太惊艳了。他是天才，还是运用了某种记忆窍门？他是大自然创造的怪胎，还是仅仅就是因为聪明？

接下来，我准备了一副扑克牌开始训练起来，想尝试下能不能像克莱顿·卡夫罗一样记住。然而，像大多数人一样，我只能记住前五六张牌，之后那些数字和花色完全乱作一团，根本记不起来。我真想知道卡夫罗是怎么做到的，被这个不解之谜搅得茶饭不思，觉得必须彻底弄清卡夫罗的大脑到底有什么奇特之处。你可能想问为什么，那是因为我相信，他能做到的，我也能做到。

我小时候，玩过一个游戏。这个游戏主要是在开车旅行时消磨时光用，我们管它叫“装包”，你们可能也玩过。每个人轮着向包里添装一件东西，并同时从头说出依次添进包里的物品。比如第一个人向包里装了一本书，就说“我装进包里一本书”；然后，第二个人向包里装了一把雨伞，他就说“我装进包里一本书和一把雨伞”……如此这般进行下去。一旦某个玩者漏说了一样物品就出局，玩到最后的即是赢家。当时我很擅长这个游戏，但像大多数人一样，为了记住它们，我只是靠在脑海里一遍遍地重复默读这些物品来记忆，有时候我也会将这些物品想象成画面排成一排。然而总的来说，我不记得用过什么特别的技巧来让我玩得更轻松，或让我的记忆能力变强。

看到克莱顿·卡夫罗的记忆力挑战，我突然想起了这个游戏。但我很快发现，卡夫罗显然不是靠重复来记牌。他每翻开一张牌，瞟一眼，然后再翻开下一张牌。他从没有回头再看任何一张牌。那么，他到底用了什么方法？更重要的是，我要怎么样才能将 52 张扑克牌只看一次就记住顺序呢？

我曾想过用肢体动作辅助记忆，根据翻开的牌，做出某个动作。例如，如果第一张牌是梅花 3，我可以把头向左转 90°；如果第二张牌是黑桃 K，我可以把舌头伸向左脸颊；等等。当然，这些动作与相应的牌之间没有任何直接的联系，但我曾希望不管通过什么方法，只要掌握了这些身体动作代码并用于记忆，那么，记牌时总会比死记硬背强。但很快，我就意识到这套方法不可行。于是，我又想数学公式是不是可用？或许它可替代身体动作。例如，如果前两张牌是 4 和 8，我可以将这两张牌相乘得到 32。但我怎么才能记住“32”这个数字呢？我又该如何一并记住花色呢？似乎，我能想到的这些方法都不灵。

没过多久，我就意识到，无论是身体动作还是数学运算，使用的都是转移注意目标的方法。我记得，当时我去了当地的一家图书馆，看看能否借阅到有关如何掌握记忆的书，希望在书中找到解决方法。但当时图书馆里并没有关于记忆训练的书，那时也还没有互联网，没办法到网上去查资料，唯一的办法就是反复尝试。

虽然逻辑和运算在记忆中一定会发挥作用的，但到底起什么作用，我说不太清楚。但我很快又意识到，提高记忆力的关键在于想象力和创造力。我听说，编故事是一种记忆信息的方式，所以抱着玩一玩的心态想试一试。起初只是试几分钟，接着几分钟变成了几个小时，几小时变成了几天。然后，我开始“认得”扑克牌人物（见第 50 页）；再后来，我能够准确地记住十几张扑克牌了。我用自己新创的扑克牌代码为一组牌编成小故事，这似乎有用。这虽然只是一个很小的进步，但于我意义非凡。它让我有了足够的动力运用这个方法坚持下去，直到我能完全复制克莱顿·卡夫罗的成功。

从开始向记忆发起挑战到最后成功不过是几天时间。混合使用编故事的方法和逻辑或地点的方法（之后会详细介绍），我按顺序无差错地一一记住了 52 张牌的数字和花色。直到今天，当我想起那一刻的时候，成功时刻的感受仍历历在目。这不仅仅是一个成就，那完全就是赋能。我以前从未有过这样的感觉，沉醉其中，难以自拔。我的心中充满热情和坚持不懈、坚定不移的信心。通过反复尝试，在不算长的时间内，我用此方法记住了好几副牌的数字和花色。开启了一段彻底改变我的记忆力之旅，而且还不止于此。我认为，正是最初的这几步，启动了之后的一系列事件，令我大脑的各项功能大变样，第一个就是创造力。

释放想象力

在我追求达成克莱顿·卡夫罗的成绩、探索大脑的奇妙潜力的过程中，我发现自己变得越来越有创造力。我练习得越勤奋，想法和联想就越多，它们从四面八方奔涌而来。我所用的记忆方法的核心是，将扑克牌在脑海里转化为画面。关于如何转换，后面有关章节将会详细介绍。一开始，联想过程特别慢，需要千呼万唤。但一段时间之后，各种想法和彩色画面毫不费力地跳入脑海。很快，我就用同样的方法开始来记忆超长数字、超长单词表、数百个二进制数字，以及人名及其面孔的组合、电话号码、事件和日期、诗歌，等等。我认为，通过努力把自己打造成一个记忆强人的过程，释放了我的创造力。许多年前，在学校，我一直被教导要冷静、要专注，我的创造力始终被抑制着。而此时，突然之间，我的大脑自由了！

三

记忆力与创造力

记忆训练能让大脑发生质的变化？怎么可能？这太夸张了！但这的确是真的。记忆力与创造力有着极其密切的关系，你很快就会发现，这样说一点都不过分。最重要的是，训练你的记忆力很大程度上依赖于你的想象力。即使在我最早开始记忆力练习、处于努力追赶伟大的克莱顿·卡夫罗的阶段时，我就知道，记忆一串无关联数据，比如扑克牌的顺序，首先要将其编码成图像，从而让这些无关的信息碎片以某种方式相关联。我现在更知道，运用想象力的过程会让一系列的大脑功能发挥作用，包括逻辑和空间感。

有些人担心，要是自己没有足够强大的想象力，那么还能进行记忆训练吗？如果你有这样的担心的话，请摒弃这种想法吧！你是不是有时坐在办公桌前做过白日梦，会想象自己去了某个环境迥异的地方，压力大的话，还会把这个地方想象得宁静而治愈？如果你再多想一会儿，你甚至会发现，你创造了一个真切的想象世界。我相信，每个人与生俱来都拥有难以置信的想象力，只是我们经常被教导或习惯于抑制它。我向你保证，释放你的想象力永远都为时不晚。

对此我深信不疑。还记得我小时候经常被老师批评上课走神吗？我的老师们总是竭尽所能地压制我的想象力。然而，现在我才了解，那是我有创造性思维能力的表现。的确，我的白日梦怪异且变幻无常，但我认为，这正说明我的大脑在创造力上有着无限的、可以向任何方向发展的潜力。我敢肯定，正是这种潜力让我得以在记忆竞赛中脱颖而出，也是我赢得 8 次世界记忆冠军的关键所在。这种潜力人人都有，只要能学会把它释放出来。

充满想象的思维对我来说是自然而然的事——今天，我比以往任何时候都更快、更轻松。然而，如果这对你来说不那么容易，那么本书提供了很多实用的练习，给出了不少建议和技巧，它们会教你用各种方法激发你的想象力。而越多地运用我建议的方法锻炼你的想象力，你进行创造性的思考就越容易。不管你从事什么职业，都能更轻而易举地想象出画面，产生好的点子和想法。此外，随着你的想象力变得更加活跃，你的脑力也会变得更强。你会发现，无论你在做什么，决定穿什么衣服，还是记住一副扑克牌，还是做一场销售演讲，你都能更快、更清晰地思考。所有这些都不难，你只需要尽情地做白日梦。

我的童年故事

以下是在一个火车站发生的真实故事。1958 年 4 月 24 日，一位年轻的母亲带着她的两个孩子，探望了住在英国南海岸的姨妈后，要乘火车从圣伦纳德（St .Leonards-on-Sea）返回家中。当他们在月台上等待火车时，这位母亲决定买一本杂志在车上打发时间。她让年幼的哥哥扶着婴儿车，车中无忧无虑地躺着的是他 8 个月大的弟弟。当这位母亲走进报亭时，一列火车离开站台，驶向隧道。而与此同时，小男孩似乎也想要在火车上读点什么，于是松开婴儿车，跟在妈妈后面，向着报亭走去。

火车驶出车站，带起一股风，致使婴儿车开始滑动，恰好滑到了站台的斜坡并加速。在下滑过程中，它与火车的最后一节车厢相撞，被火车带着向前驶去。这时，母亲听到骚动，冲出报亭，惊恐地尖叫着，眼睁睁地看着她的孩子随火车呼啸而去。在她看来，她的孩子必死无疑了。

我就是那个婴儿。奇迹般的是，我现在还活着，正在讲述这个故事。我额头上的大包是唯一看得到的这次事故的见证。然而我深信，这个大包规划了我的余生。因为我觉得，这一事故可能是造成我小时候注意力不集中的原因。如果的确如此，我还有点感激它。因为如果不是它让我总做白日梦，也许我永远不会拥有今日的完美记忆。

练习二

想象感官训练

这项练习旨在通过使用视觉图像，同时调动其他所有感官释放你的想象力，让你习惯建立非常规的联想。这对于建立持久牢固的记忆非常关键。有条件的话，应每天练习，直到你可以把多件看似不相关的事物建立起生动、富有想象力的具体联系。现在请你先读完下面的说明，然后开始训练。如果闭上眼睛能更容易在脑海里形成图像和感受各种感觉，那就这样做。

场景 1

想象你的手里拿着一个足球，闻起来有种鲜榨橙子的味道。稍做停留，尽力把这两种想法化为活灵活现的形象印入脑海。然后想象，足球有着果冻的触感，发出时钟一般的滴答声，用舌头舔有一股巧克力味。别急，将这个画面和感觉保持至少5分钟，越生动越好。如果走神，就重新回到开始握住足球时。

场景 2

一旦你完全沉浸在第一个场景中后，那就再想象一头黄色大象，身上有着粉红色的斑点，发出像猫一样喵喵的叫声，味道似生姜，皮肤如荨麻一般扎手，闻着有新鲜咖啡豆的香气。同样，至少花5分钟让这一切在脑海中清晰地浮现。

完成练习后，测试一下你的记忆成果，回想足球和大象给人的怪异感觉。足球、鲜榨的橙子、果冻、时钟、黄色大象、粉红色的斑点、猫、生姜、荨麻、咖啡豆……你的想象越具体，印象越深刻，你就越容易记住它们的形象。

四

联想的力量

我希望前一章末尾的练习，能让你了解自己的联想能力到底有多强。它能将看似完全不相关的主题或概念，通过运用多种感官联结在一起。这是你获得完美记忆的第一步。然而，只做到这一步是不够的，联想还必须强而快。值得庆幸的是，大脑从不缺乏联想力，它总是主动地将事物建立起联系，而且是尽快地建立联系。很多人不擅长联想，问题不在于大脑不能联想，而是总有一些干扰妨碍你自由联想，阻碍思维的脚步，让你磕磕绊绊前行。

如果你发现有外界干扰，妨碍你自由地、有创造性地思考，必须照我说的去做，学会放手。别去减慢大脑思维的速度，别去理会内心的各种声音，也不用试图弄清这些关联是如何产生的，只要去信任它们之间的关联就好，让纯粹的联想力“发挥作用”。

我觉得，我们多少已经习惯固化自己的经历和见闻。比如我对你说“草莓”这个词，你脑子里会浮现一棵草莓的图像，它鲜红肥硕，有一条绿色的茎，仅此而已。但如果你让脑子活跃起来，放飞想象力，那会发生什么呢？草莓的视觉形象依然会跳出来，但这次你是不是还能“品尝”到它的滋味？或者能“闻”到它的气味？或“感受”到它的表面是粗糙还是光滑？它是连株生长着的，还是和其他草莓一起成堆地摆放在碗里？如果你让想象继续自由飘荡，联想将会更广、更丰富、更生动。你可能记起来，有一天你去野餐时吃到了草莓。你是和朋友在一起吗？草莓是蘸了巧克力还是浸在了奶油里？那天朋友穿的是什么衣服？你们都谈了些什么？想到这里，意识还会继续飘远，你的回忆引发了另外的一系列联想，到最后它早已远离了最初的样子。在回到现实世界之前，想象之旅的最后一程可能与草莓毫无关系。

同样，法国著名小说家马塞尔·普鲁斯特（Marcel Proust）所写的自传体小说《追忆似水年华》（*Remembrance of Things Past*），用到的就是意识流的讲述方式，而引发意识流的是一块蘸过菩提茶的玛德琳蛋糕的味道。

我想重点说的是，如果你的记忆可以信马由缰，它就可以带你去任何未知的地方。解放想象力其实就是解放记忆力，自由的想象能令记忆以闪电般的速度、准确地建立起强联想。联想的速度、准确性和强度都是拥有完美记忆的重要组成部分。

五

联想的维度

你可能有着极强的联想力，能够做到迅速甚至瞬间将事物建立起联系，但从那个草莓联想的例子和普鲁斯特意识流小说来看，将事物建立起联系没有那么简单和单一。首先，情绪会参与进来。很有可能在你还没记起过去的某一件事之前，先想起了当时的感受。例如，你还记得自己学会骑自行车的那一天吗？当我想起自己学自行车时，首先想到的是我当时有多兴奋，还伴随着一丝恐惧，因为当时意识到自己将必须独自掌握平衡。而一旦情绪勾起对事件的回忆，接着就是当时的感官感受。其次，嗅觉与记忆是强联系。嗅觉球即嗅觉中枢，与大脑主管记忆和学习的区域有着密切的生理联结，所以你可能首先记得骑车时周围的气味。其次，可能是听觉，比如耳边嗖嗖的风声，或者路边传来的音乐，而音乐常使记忆更鲜活，又常会触发更多的情绪。若是当时有特别明亮、特别生动或特别不寻常的东西出现，你首先忆起的又或许是当时一帧帧闪过的风景，清晰得恍如昨日再现。

当我训练学生做自由联想时，我让他们回忆的不是第一次骑自行车，而是第一天上学的情景。你现在就可以试试。你可能会模糊地记得走到教室大楼前的情景，脑海里出现迎接你的老师的样子，但我敢打赌，你记得最清晰的一定是当时的心理感受。我记得我当时很兴奋但也很担心，我既想去学校，又不想离开给我安全感的家。我还记得，当我到了学校的时候，至少在第一天很开心，和新朋友一起嬉笑。然后我的感官回忆来了。我记得操场上柏油路面的气味，这种气味至今仍让我想起那一天；想起第一次上课的铃声，甚至想起学校里牛奶的味道，它似乎比家里的牛奶更浓稠丝滑。我记得奶瓶冰冷的触感，还有细细的蓝色吸管，我们就用它插入银光闪闪的奶瓶顶部吸着喝。

如果你能通过动用自己的情绪、感官、逻辑和创造性，增强自己本有的联想和回忆能力，那么你的大脑在记忆新信息时的速度也快，而且生动难忘。此外，你会逐渐习惯抓住瞬间闪现的联想，而抓住瞬时联想是记忆训练的一个重要方面，因为最先联想到的往往是最可靠的，我将会在书中反复提到这一点。

解放记忆力游戏

词语能唤起记忆。浏览下面的词，看它们能否让你想起什么往事。每个词只看一两秒钟，不要企图对想起的东西做改动，只相信第一感觉。然后，任由形象、想法、情绪和感觉出现，越详细越好。这可能要费些时间，甚至需要几分钟，然后继续下一个词。这个练习的目的只在于让你不受任何约束地去联想，去让画面、情绪和感觉浮现。虽然这个练习并不能让你成为记忆冠军，但相信我，这个练习你做得越好，练得越多，你在记忆方面的进步就越大。

小猫
彩虹
玩具
生日
冰激凌
雪
教堂
坐垫
沙子
脚指甲

上述练习有助于你养成回忆往事的习惯，不只回忆往事，同时还回忆起伴随往事的思想、感觉和情绪。你还要在意对一段或多段往事记忆涌现的速度，你训练得越久，速度就会越快。

我在做这个练习以及其他类似练习时，会自由穿越于生命的不同时期。我发现自己时而来了这里，时而又去了那里；时而和这个人在一起，时而与那个人在一起；听到、看到、闻到、摸到和尝到不同的事物，情绪交杂，五感敏锐。它来得鲜明浓烈，势如排山倒海。我在个人的记忆中来回穿梭，希望你在做这个练习的时候也能有这样的感觉。

最早的记忆

词语能唤起记忆。每当听到“婴儿床”这个词，我就会发现自己回到了人生之初的记忆中。那时我大概已经两岁了，我摇晃着床上的栏杆，享受着栏杆被推出又弹回的感觉。我甚至记得母亲说过，她以为我在锻炼肌肉，就像拳击手站在拳击场边上常做的那样。如果大脑不受抑制，其记忆之久远、程度之深着实令人惊讶。

六

联想链

通过前文你已知晓，单单一个词就可以瞬间触发一系列的回忆。我下面要说的是，如何在两个没有明显关联的词语之间建立联系。前面章节已经讨论过想象力，讨论过利用自己的经历建立联想。能将这二者并用，你就已经掌握了记忆艺术中最基本的技能。

无论是文字、物体、事件，还是其他什么，要想在任何两个概念间建立联系，必须有自己的往事作为参照。你经历的往事让你对世界有了认知，你要做的是利用这些认知创造事物与事物之间关联的路径。生活中的一切就像一块块拼图，它们环环相扣，从一块拼图到另一块拼图，中间要由其他几块拼接起来。拼板用得越少，效率就越高。因此，要想从一件事联想到另一件事，最快的方式就是尽力从你的认知储备里找到最明显的关联。

假设我想记住两个词：墙和鸡。这两个词里的任何一个都会引发我不计其数的回忆，我要做的是在我脑海里找到连接它们的途径。例如：墙让我想起了平克·弗洛伊德（Pink Floyd）的专辑，想起了我小时候爬过的一堵墙，还想起了从前放学时我经常跳过的一堵墙，等等。随着联想的不断加深，我发现它们之间最显而易见的联系是一首老儿歌“鸡蛋胖胖，坐在墙上”（Humpty Dumpty sat on a wall）。

我找到了！鸡蛋胖胖坐在墙上，胖胖是一个鸡蛋，鸡蛋是鸡下的。我运用想象力，想象一只鸡把鸡蛋胖胖下在了墙上。我回忆起儿时自己唱童谣的情景，顿时让这些联想更有画面感了。自然而然地，我头脑里闪现一个“小小的我”看到鸡产下鸡蛋胖胖时“咯咯”叫的情景。这可能并非是在我过去的生命中真实发生的事情，但小小的我和儿歌之间的关联足以为我的反应创造一个合乎逻辑的情境。这种联想听起来千曲百折，但实际上，产生这样的联想于我而言是一瞬间的事。

再举一个例子：钢笔和菜汤。你怎么把它们联系起来从而记住呢？运用自由联想法和我的想象力，我得到了以下可能的联想：用钢笔搅拌汤，墨水漫入汤中让汤变了色；用钢笔在汤里画图案或者写字；把汤当作墨水，用钢笔吸满，用它写一封信；把钢笔当作吸管吸食汤。这些联想中的事我从未做过，所有的关联都是基于我对一支钢笔和一碗汤的经验和理解。所以说，记忆和联想是密不可分的。

请照此方法做第 39 页的练习。如果你是第一次尝试，你很有可能会对其中几对词翻来覆去地想。本练习的目的是让大脑自然地找到共同点，不允许任何偏见或先见介入。贝多芬时代虽然还没有发明手机，你仍然可以想象这位作曲家用手机给他的经纪人打电话的画面。或者，要是你的大脑更偏向听觉的话，你想象你的手机响起了铃声是贝多芬的《第五交响曲》。你所要做的就是以最快的速度在两个词语之间建立联系，不必在意是否合乎逻辑。当然，你想象所建立的联系的情景越自然、越合乎逻辑，大脑的两半脑就越有可能和谐地发挥作用，也越能接受并记住创建的联想。

完成练习后，祝贺一下自己，你刚刚掌握了记忆不相关信息的基本技巧——链条法。当能用这种方法记忆成对词语后，我们就可以用它来记忆长串词语了。

打造关联

现在，你浏览下面成对的词语，捕捉第一个闪入脑海的、关联起两物的联想，为每一对词语建立联系。不要试图对第一反应做任何修改，你只要任由大脑放松，自由发现最便捷的路径。完成后，立即遮盖右边的一列，测试你能回忆出多少个配对的词语。如果你能回忆起10对及以上，说明这些联想有作用。反复练习，直到你能记住所有14对词语。

公共汽车	盐
桌子	月球
吉他	灰泥
踝关节	玻璃
软木塞	火炬
贝多芬	手机
大理石	蜡烛
鹅	水泡
橡皮圈	鲨鱼
橙色	步枪
笔	屋顶
雏菊	老鼠
照相机	鞋子
手镯	梳子

七

链条法

在第一章的测试 1 中，我曾要求大家记一组词语。现在我们选出其中的前 5 个，分别是小提琴、骑士、手提箱、项链和雪球。假如我们相信万物皆可关联，那么创建关联就可记住这 5 个词语了。你可在脑海里想象，你听到了悠扬的小提琴声，循声望去，发现是一位骑士在演奏。你感到好奇，心想，他身穿一身铠甲，是怎么把琴放在下巴下的呢？是不是很滑稽？他的脚边有一个手提箱，崭新光亮，当然你也可以想象成破旧不堪。你打开手提箱，发现了一条钻石项链，似是无价之宝。阳光在钻石上跳跃闪耀，你只好眯起眼，将头转开。可就在这时，一个雪球击中了你的脸颊，你感觉到了冰冷的刺痛。记住，你越是学会熟练运用多种感官和情绪反应去建立关联，大脑就会越娴熟，越快速地建立关联，这些关联也就越难以忘记。

脑海里回放这一幕，必要时可添加一些细节，如果做到这一步你感觉毫无压力（当然，我想到的关联不见得对你有效），可以非常顺畅地把这串词语回想起来，甚至倒着回忆，这说明你已牢记这串词语。现在，我们测试一下，我问你答。我的问题是，手提箱前后的词语各是什么？如果你能瞬间答出，不需要从头回忆，说明你的大脑已经完全融会贯通，不管怎么问，你都能答上来。评价一个人知识学得好不好，核心就是看他是不是能够记住这些知识，同时进一步加深对知识的理解，必要时可以进行重构。

我在教链条法之前，问过学生，这 5 个词语你们能保持多久记忆？大多数同学回答说，他们只能保持几分钟，然后就会忘掉。但是，他们很快就惊讶地发现，使用链条法后，情况就大不一样了。链条法非常强大，用这种方法记忆，词语留在记忆里的时间通常会持续 24 小时以上。而一遍遍地重复词语、死记硬背能达到这样的效果吗？我对此是相当怀疑的。

诚然，这仅仅是 5 个词语，下面我们添加两个，把这组词语增加到 7 个。请用链条法记忆以下 7 样东西：船、轮胎、包裹、按钮、卷心菜、老鼠、靴子。

我想象的故事是：在平静的海面上，我懒洋洋地坐在船上漂流。当靠近海岸时，我看到一条轮胎躺在沙滩上。我把轮胎沿着沙地滚动，结果碰到一个包裹。我打开包裹，想看看里面有什么，却发现一个红色按钮的小玩意儿。没忍住好奇，我按下了按钮，一颗卷心菜神奇地从沙子里冒了出来。卷心菜上还有一只老鼠，它惊慌失措，哧溜一下蹿了出去，躲在海滩上一只不知道被谁丢弃的靴子里。

我发现，这个方法最大的好处是效率高。用死记硬背或简单重复的方法来记忆可能需要数小时，且通常效果不佳，而使用链条法想象一个故事大概也就 30 秒或 40 秒，且回忆堪称完美。这两种方法的区别就在于情境。链条法将无关的信息赋予其意义，把它们置于情境里，使其与现实世界有了逻辑关系，信息因此就被记住了。

学会骗过大脑

我认为链条法中有一点非常重要，那就是故事使用第一人称。当自己成为故事的主人公时，在故事中，是你自己——不是别人——随船漂浮在水面上时，你能骗过大脑，让它认为这是真实发生在自己身上的事。

然而，以这样的方式欺骗大脑的前提是，你想象的画面要尽可能逼真。这就是说，你必须动用多种感官。你懒洋洋地躺在海上漂流的小船上的时候，你看到了什么？靠近海岸时你听到了什么？你是不是闻到了轮胎在阳光的照射下发出的橡胶味呢？包裹用的是什么颜色的纸包装的呢？你在沙滩上滚动轮胎时，踩在沙子上是什么感觉？联想越生动，记忆就越持久。

使用第一人称的另一个原因是，作为故事里的人物，你对周围所发生的事会产生感觉和情绪。漂浮在水面上，你可能感到放松而满足；轮胎从身边跑开，你也许有些许的恐慌和焦虑；按下红色按钮时，你可能有点担心。当把这些自身拥有的关怀、脆弱和“本真”融入故事中时，大脑就会把故事当真，记忆因而会更牢固。有趣的是，你的脑回路，即个体神经元及其它们形成的神经元网络就无法区分真实与想象。只有“你”，作为一个有意识的人，才知道真相。这就是为什么欺骗大脑还不算难的原因。

学会运用想象力

这些年来，有很多人找到我说，他们担心这些技术在他们身上不管用，因为他们觉得，自己不具备足够的创造力，难以想象出深印脑海的故事画面。他们其实过虑了。要知道，我们并不需要不着边际的想象，我们的想象还是在合理的范围内的，至少有一定的逻辑，虽为创造，但并不离谱。我们想象的故事可能怪诞或不合常规，但在理论上是完全合理或可能的。就比如在第六章，我想象了笔与汤的情境，寻常生活中不太可能有人会用笔搅拌一碗汤，也不太可能有人用汤作为钢笔的墨水，但这并非完全不可能。同样，贝多芬使用电话的场景。自然，贝多芬那个时代不可能有电话，但如果他拥有一部手机，那么用手机打电话给经纪人是完全可能的。情境自有逻辑在，的确你需要有创造力，但不需要有超人般的创造力。

你不用怀疑自己做不到。看看我，即便使用链条法已经成了习惯，联想记忆成了我时时刻刻都在做的事，我却并不追求画面清晰到细致入微、包罗万象。它们有时只是速写图，有个适合的颜色和形状，有时就似卡通画。我绝对不追求画面的视觉完美，只追求它们足以在我脑海中建立起关联。当然，在现阶段，因为你刚起步，画面丰富些比较好，等练习到了游刃有余时再考虑简化。

学会编故事的逻辑

关于链条法，现在还剩下一个方面的问题没有讲到，那就是顺序。在本书开头，我曾让你做过基准测试，当时我要求你记住的不仅仅是词语，还有它们出现的顺序。大家记得，那个测试如果顺序错误的话，是要扣分的。不想被扣分，就必须一字不落地以正确的顺序回忆出每一个项目。要做到这点，最简单的方法是编故事，把所有记忆项目一个接一个地编入故事中去。这个故事有其自身的逻辑，才可以叫作好故事。这个逻辑要有助于记忆项目出现的顺序，因为顺序对整个情境是有意义的。回放这个故事时，只需按逻辑从一个场景转入下一个场景，你就可以按照正确的顺序回忆起所有的项目来。试做下一页的练习，体会这种方法的妙处。如果回忆过程中想不出某个词，说明你编的故事关联性不够强，建议重新来过。

练习五

编故事训练记忆

在本练习中，请使用链条法编一个故事，便于自己按顺序记住以下10个词语。自己编的永远比我为你编的更有效果，所以我不想给你任何提示。这个练习没有时间限制，你愿花多长时间就花多长时间，只要有助于记忆。一定记住，最先想到的、脑子里不自觉地跳出的直觉，往往是最便于记忆的。动用你的所有感官，让头脑凭直觉想象。故事编完后，合上书本，按顺序写下这些词语。如果你没有得到满分10分，说明故事的关联不够强，需要进行复盘，哪个环节弱，就加强哪个。

自行车
计算机
梯子
枕头
照相机
飞镖
蛋糕
记事簿
肥皂
长颈鹿

八

哈哈，我成功了！我的第一次成功尝试

迄今，我向大家讲解了运用联想的重要性，下面我再谈一谈我最终是怎么破解克莱顿·卡夫罗使用的方法的。当时我发现，我不该再用列清单式的方法，不该再在身外寻找答案，而应该利用自己本身就具备的奇妙的创造力。所以你也有同样的创造力，我确信，既然我使用的技巧令自己的记忆脱胎换骨，它也可以让你改头换面。

那么，我第一次是如何记住第一副扑克牌的呢？起初，我一张张地盯着纸牌看，每盯着一张牌，我都要想想它有没有让我想起什么，或许是某样东西，或许是某个人。例如，我看到红桃 J，牌上杰克的脸让我想起了我的叔叔。黑桃 5 在我看来就像一只自然伸出的手。方片 10（10 Diamonds）让我想起了唐宁街 10 号的门，因为方片代表钻石（Diamonds 另有钻石之意），我总想到金钱或财富，而唐宁街 10 号（10 Downing Street）是首相官邸，掌管着英国的财权。而且，这个门牌也恰与这张纸牌的简称一致，都是“10 D”。为了按顺序记住这 3 张牌，我把这些人或物串起来，使用的正是前面的练习中的关联不相关词语的方法。我想象我的叔叔（红桃 J）用手（黑桃 5）敲开唐宁街 10 号（方片 10）的门。

我给了每张牌一个新的身份。这个过程持续了数小时，虽然慢，但我心里很坚定。最终，每一张牌各自都有了唯一的对应联想。此时，我重新洗牌，开始尝试记牌。

第一次，整副牌只用了不到半个小时的时间就编成了一个故事。在想象中，我的叔叔飞越云端，从滴着蜂蜜的吊床上拿起橘子连续投掷。高尔夫球手杰克·尼克拉斯（Jack Nicklaus，梅花 K 的代码）正用吸尘器吸住一对鸭子〔红桃 2 的代码。选择鸭子作为红桃 2 的代码是因为数字 2 形似鸭子，属于数字到形状联想（参见第 110 页）选择红桃是因为它让我联想到鸭嘴〕，这两只鸭子正向一个雪人吐口水（雪人是方片 8 的代码，因为数字 8 形似雪人，冰锥形似方片，我想象雪人脖子上挂着冰锥）。在这个如同爱丽丝漫游奇境一般的、极其耗神的过程之后，我把整副牌面朝下扣置，准备依次回忆，把一个个代码还原。这第一次尝试我按顺序准确回忆出了 52 张牌中的 41 张。结果还不错！

开局不错，但并不完美。无论我如何有效地使用我的故事系统，我还是难以企及卡夫罗的成绩。他只用了 2 分 59 秒就记住了一副牌。以我目前使用的方法，要加快速度，尤其要达到在 3 分钟或更短的时间内完成这项壮举，似乎是不可能的。尽管如此，我并没有被吓退。我确信，胜利就在眼前。我的进步显而易见，这使我更加坚定地要完善这套方法，直到我找到完美的记忆策略。

我的第一套扑克牌代码

随着我不断地试验用编故事法练习记扑克牌，我发现，我虽然能顺利串起一副扑克牌的几张，但总有那么几个环节联结较弱，那几张牌就是想不起来。下面是我早期使用的一些扑克牌代码以及我使用这些代码的理由。

方片 6	飞机	数字“6”形似飞机机翼下的喷气式发动机，而飞行是昂贵的旅行方式，符合方片的钻石形象，让人联想到财富或金钱。
方片 4	现金	我把这张牌上的 4 个方片想象成 4 个面值 1 磅的硬币整齐地码放在方形牌面上。
梅花 5	我家的狗	我婶婶家的狗名叫 Sally，数字“5”形似名中的首字母“S”。正是她这条杰克拉塞尔梗犬让我后来也养了条狗；选择梅花是因为梅花貌似武器，而且这种狗特别会逮老鼠。
红桃 8	云朵	“8”让我联想到泡沫般的白云，而红桃我也觉得像云朵。
黑桃 4	我的车	“4”让我想到四个轮子，黑桃让我想到轮胎。
黑桃 3	一片森林	因为黑桃形似一棵树，“3”的英文 three 与树的英文 tree 发音相似。

我的看法是，扑克牌的代码可分为三类：人和动物、交通工具、地点。为了便于记忆，我在纸上写下所有的牌，然后把每张牌的代码写在这张牌的旁边，接下来就是记住这些牌及其代码。这个过程乍听上去工作量特别大，应该说，此话没错，但我不怕。因为其中有些联想极强，用不着费脑筋，可减少部分负担，加快进程。比如，方片 7 让我想起电影《007之金刚钻》中的詹姆斯·邦德。再比如，黑桃 9 会让我想起高尔夫球手尼克·法尔多（Nick Faldo），其名中的 Ni 和 9 的英文 nine 有着相同的开头字母。此外，我有着强烈的动机，因为我知道，一旦我将这些代码熟记，距离自己定下的目标也就越来越近，将与卡夫罗相匹敌，甚至哪一天有可能击败他。

接下来，我使用链条法，将每张牌的代码按顺序用故事串起来。我发现，有些故事好记，有些难记，这不难理解。例如，假设前 5 张牌分别是黑桃 3、梅花 5、方片 4、方片 6 和红桃 8，我会想象出一片森林，我的狗在那里对着一些钞票汪汪叫。一架飞机将会降落此地，一个人冲出飞机拿走现金，再冲上云端。这个故事有较强的顺序和逻辑，所以就比较好记。只是，顺序稍加改变记起来就可能有麻烦。

假设顺序变为方片 6、黑桃 3、梅花 5、红桃 8、方片 4。

这一次我会想象一架飞机飞进森林，我的狗在那里吠叫。然而，下一步故事不得不编成让狗飞到云端取现金。这样，狗和云端之间的关联非常弱，根本不合逻辑，就成为故事链中的一个薄弱环节。

但把故事编得符合逻辑并不是我遇到的唯一的难点。不只是时常碰到联想链条中出现某些薄弱环节的情况，我还得分出大把精力考虑如何实现从一幕场景向另一幕场景的大跨度跳转。这相当费时费力，而且总有实现不了的。最终，拨云见日的时刻到来了！我终于明白了，我的材料没有用错，错误的是对材料的安置。此刻，让我恍然大悟的是，与其令某张扑克牌的代码为某个地方，不如把地方预设为一个个的站点，赋予每张牌一个或物体或动物或人的代码，分别放置在预设的站点。这样，只要站点遵循自然的顺序，且每张牌与这个站点的关联足够强，我就有把握记住并成功回忆所有项目。这就是我的必杀技记忆方法："路径记忆法"。

成功的冲刺

恍然大悟是一件妙不可言的事情，你的人生一定也经历过这种时刻。当我意识到自己错在了哪里，最重要的是，当意识到如何纠正时，我的自信心倍增，不亚于炼金术士把普通的元素炼成了黄金那一刻。它驱动我一副接一副牌地练习下去，直到我的记忆力能够匹敌克莱顿·卡夫罗，甚至超过他。我认为，正是这种自信心彻底改变了我，其影响远超那些代码和扑克牌。这让我明白，一个人只要有坚强的意志，又选择了正确的方法，任何事都可实现——这是我在学校里没有学到的道理。

九

路径记忆法

可以毫不为过地说，“路径记忆法”改变了我的生活，但早期的它远不完美。自从悟出此方法的那一刻，我就开始测试。我给记忆旅程设计了20个不同站点，当时就认识到，这条旅行必须是我极其熟悉的，否则我还要花时间思考下一站是哪个地方。我还认识到，扑克牌的代码和旅程中的站点之间必须要有强关联性。因此，很自然地，我的第一条旅行路线是我所生活的村庄。前5个记忆站点分别是：

第1个记忆站点　前门

第2个记忆站点　邻居家的房子

第3个记忆站点　公共汽车站

第4个记忆站点　商店

第5个记忆站点　停车场

接下来，我把原本赋予了记忆站点的扑克牌重新赋予其物体代码，这样就可以避免两个记忆站点一起出现时造成混淆。例如，黑桃3原本是森林，现改为一根原木；红桃8原是一朵云彩，相当模糊不好记，现在把它改成我自己。这样改的唯一原因是我总记不住它，让它代表我自己，联想就会强很多，因为我很容易想象出什么情况下我有什么样的应对。路线确定了，每张牌也有了一个具体的物体代码，剩下的就是把每张牌的代码放置在旅程中的相应位置即可。

假设前5张牌分别是：方片6、黑桃3、梅花5、红桃8、方片4。下面就是我利用记忆路径的前5站来记忆这5张牌的方法：

我想象一架飞机（方片6）停在了我家前门。

隔壁邻居家的栅栏上靠着一根原木（黑桃3）。

在公共汽车站，我的狗（梅花5）上蹿下跳，冲着路过的车辆吠叫。

在商店里，我（红桃8）正在买报纸。

停车场，一捆现金（方片4）躺在一个停车位上。

这一次，我一点都不会搞混，因为路径顺序不可能记错。我接着测试了记忆20张牌的效果，完全成功，零失误。所以，我扩充了旅行，把路线延长，让它从我家的大门开始，穿过村庄，来到酒馆，经过板球场，沿着一条风景秀丽的小径，到达保龄球绿地，等等，直到所有整个旅程凑够了52个站点，正好一整副扑克牌的数量。

我在大脑中反复“走”了几遍这条路线，只为熟悉路线，不记忆任何内容。然后，我要试记一整副扑克牌了。那么，这个被我寄予厚望的方法能经受住这么大的挑战吗？事实证明，完全没问题。我在不到 10 分钟的时间内回忆起了所有 52 张扑克牌，没有出现任何错误。至此，我知道，我有希望挑战克莱顿·卡夫罗的 2 分 59 秒的世界纪录了，那只是时间问题。

如何解决重影

当只记一副扑克牌时，这个方法堪称完美。但我发现，有些联想简直太强大，以至于当我再次挑战记忆另一副扑克牌时，先前那副牌的顺序画面像幽灵般在我脑中如影随形，让我无法分辨谁是谁。解决方案很简单，我需要多条路线。我总共设计了 6 条路线，用以轮流使用。这样，当我将这 6 条线路都走过一遍之后，再次使用这条路线时，我上一次使用这条路线的记忆已不那么清晰了，就不会影响我后面要记忆的扑克牌了。

每条路线的设置必须足够熟悉、刺激且有趣，这样才能毫不费力地记住沿途站点。我是一个高尔夫球爱好者，所以很自然，我选择的路线是自己最喜欢的几个高尔夫球场，以及我居住过的房屋、城镇和村庄。旅行当然也可以安排在室内，只要路线合理、易于想起即可。

这是一个自然选择的过程，通过反复试验，我淘汰了对提高记忆无助的路线。例如，我发现如果沿途站点风格太相似，印象就不深刻且容易混淆。我曾设计过一段路线，沿途52个站点全是本镇的52家商店。这就是一条失败的路线，因为我必须记住商店的顺序，这相当不容易。而且，我还要在脑海里将一家商店和另一家商店区分开。于是，我很快得出结论：设计的站点必须风格多样；记忆站点之间有明显的差异，有强烈的对比；我与这些站点还要有明显的互动。通常，如果我选择小镇作为旅行路线，总会换着花样在建筑里进进出出或绕道。我尽量让路线沿途站点有墙可翻，有小溪或河流可穿越。我可能会闯入一个电话亭，或者驻足看一看餐厅菜单，然后漫步去看雕像，等等。旅程必须有趣，且能轻松记住，稍加练习，即可如自动驾驶般向前行进，不用费脑筋，就可成为“信息挂钩”。

应对城镇规划

我经常被问及，若城镇样貌变化，路线要不要更新？答案是不要更新。一旦路线固定，这条路会自动带我们一站站向前走。更新会扰乱这个进程。事实上，在可能的情况下，我都尽力避免重走这条路线。我不想知道商店是否改了用途，房屋是否已拆除，电话亭是不是已被挪走。我更喜欢记住这些路线的老样子。

如何解决充当了拦路虎的牌

我的路径记忆法还有一点不是万无一失的，即有些扑克牌的代码无法预料，还有一些我总是容易忘记。我发现，最容易想起的扑克牌往往是用人作代码的，而不是物。人与旅途中的站点之间可以互动。人有感情、有情绪，可以把抽象的场景想象成灾难现场，也可以让它变成充满欢声笑语或搞笑的场面，等等。将情感注入记忆，往往难忘。所以，我觉得应该将扑克牌的代码都换成人，或再加几个我喜欢的动物。

还记得黑桃 3 吗？我先是把它编码为一片森林，后来是一根原木。然后在这一轮修订中，我把它变成了马尔科姆（Malcolm），他曾为我的壁炉供应原木柴。方片 6 曾经是一架飞机，现在改成了蒂姆（Tim），他是我的一位朋友，曾在航空公司上过班。我开始极富热情地修订代码，最后拿到了一份演员名单，都是我记忆中印象极其深刻的人。他们并不都是我认识的人，有些是名人。例如，红桃 3 是贝弗利姐妹（Beverley Sisters），她们是 20 世纪 50 年代至 60 年代的三重唱组合；梅花 K 不再是杰克·尼克拉斯（Jack Nicklaus），而是阿道夫·希特勒，原因是梅花这一扑克牌花色的英文词 Clubs 的另一个意思是俱乐部，让我联想到希特勒。此后 30 年间，我的经典角色阵容就是他们，几乎没改变过，因为没有必要。有一张牌很特别，它从未变过，那就是梅花 5。我很自豪地说，自始至终，梅花 5 的代码就是我养的那条亲爱的老狗。

路径记忆法
实战指南

要让你详细地回忆头一天都做了哪些事，你会怎么做呢？如果是我，我会从起床那一刻开始，在脑海里逐一“走遍”曾经去过的每一个地方，一一想起在这些地方都做过些什么。比如，如果我问你昨天午餐吃了什么，你的脑海里很可能会浮现自己当时在某地吃某食物的画面。它或许是你家厨房的餐桌，或许是你的工作的办公桌，或许是咖啡厅或餐馆里。即便是你正在赶路，不管在哪儿，你的脑海里会浮现自己一边走一边咀嚼的样子。有了这些地点做参照，无论是什么地点，你都能闪回到过去的某一天，想起自己吃了什么。

事件发生的地点就像记忆的锚，是我们回忆往事的参照点，它把我们的每一个行程按时间顺序做出了标注。我坚信，没有地点的参与，我们的思维过程，尤其是记忆将会混乱如麻、难以捕捉。如果有人要我概述自己的生活经历，我的顺序一定是按照我历年来居住过的不同村镇来排列；如果要回顾一下我的教育经历，我的脑海首先闪现的是我上过的每个学校的画面；如果要回顾一下我的职业生涯，我首先想到的是自己工作过的每一座建筑物。

培养高效记忆的三要素是联想（Association）、地点(Location) 和想象力 (Imagination)。自从我想出了路径记忆法，就最终找到了挑战克莱顿·卡夫罗的终极方案。我可是第一次在电视上看到他记住一整副扑克牌时，就给自己设定了这个目标。

我是如何使用路径记忆法的

前面说过，我是如何使用“路径记忆法”来记忆我的第一副扑克牌的。但为了教会你使用这种方法，下面我会举一个具体的例子，带你具体了解我的思维过程，了解我是如何利用一个普通之家，做一个 7 站的短途旅行，记住一张物品清单的。

以下是我家路线的前 7 个站点：

第 1 个记忆站点　卧室窗户

第 2 个记忆站点　床头柜

第 3 个记忆站点　阳台

第 4 个记忆站点　浴室

第 5 个记忆站点　衣柜

第 6 个记忆站点　客厅

第 7 个记忆站点　厨房

首先，按照合乎常规的顺序走一遍这条路线。不必担心这条路线与你家的场景是否相同，以后你可以按照自家房子的布局修改记忆站点。但现在，记住这条路线，直到你熟练到可以顺着走，也可以反着走。此时，你就可以把它们当作一组钩子，在上面挂 7 个需要记忆的项目。我之前说过，人比物更容易记忆，但是当你熟练掌握路径记忆法后，也可尝试使用物。而且在日常生活中，记物的时候更多，比如购物清单，生日时为方便写感谢信用的礼品清单等。

我建议你在使用这个方法时不要用力过猛，刚开始你不要试图记忆太多的物品。这个建议看似奇怪，但是，路径记忆法的全部魅力就在于它无须太过用力记忆，因为你有强大的想象力，也有将事物和熟知站点关联的技巧，这会让你自动回忆起那些物品的原始顺序。务必使用你的第一直觉，它是最有利于你想起来的联想。以下是你要记忆的物品：

羽毛・勺子・躺椅・蜗牛・雨伞・玫瑰・吊床

原来古希腊就有了！

就在我经过试验，发现路径记忆法是记忆一组信息最有效的方法后，我以为自己找到了一套全新的、完全是我自创的记忆方法。然而几年后我才知道，这套方法实际上已有数千年的历史。这着实让人震惊！世界各地都有口述历史的传统，长辈们以讲故事的方式将习俗和文化代代相传。由于当时用于书写的莎草纸短缺，古希腊人早就有使用“地点”作为辅助记忆的方法！可他们是怎么想出这个方法的呢？

相传，古希腊诗人、来自凯奥斯岛的西摩尼得斯（Simonides of Ceos，约 556—约 468）在一场庆祝胜利的宴会上突然被人叫走，去会见宫殿外的两名年轻人。可当他走出宫殿，却找不到来访的客人，因此他转身想继续参加宴会。然而，就在此刻，地震发生了。宴会大厅轰然倒塌，里面的受邀客人全部丧生。后来，西摩尼得斯被要求辨认尸体，他用的方法就是通过回想谁坐在餐桌的哪个位置。历史学家认为，这就是路径记忆法的诞生。从那时起，古希腊演说家为了准确地回忆起故事的发展顺序，就将故事的元素在头脑里沿着一定的路线放置在特定的地方，也就是用路径记忆法来记住演说词。

虽然我不得不说，当我发现自己远非第一个使用这种记忆法的人时很震惊，但是，“路径记忆法”既然对古希腊人来说都足够好，那么我必须承认：我真是撞了大运。

第 1 个记忆站点

卧室窗户 / 羽毛

我脑海中浮现的画面是，一片白色的羽毛悠悠地、轻轻地飘过卧室的窗户。一定要让画面合情理，这才有助于记忆。比如，给羽毛一个飘过窗户的理由。它可能是从一只鸟的身上掉下来的，或者是一阵风从屋檐排雨槽的鸟巢里吹过来的，又或者是这根羽毛从你卧室的羽绒被或羽绒枕中钻出来的。总之，一定要选择你觉得最自然、最合乎逻辑的联想。

第 2 个记忆站点

床头柜 / 勺子

在旅程的第二站，我看到床头柜上放着一根勺子。这个联想比较直接，所以为了记住画面，我必须深究一下。它为什么在那里？是早上喝茶时搁在那里的吗？还是昨晚睡前吃药后留在那里的？请谨记，关联时动用多种感官来加强这些联想（见第 22 页）。比如，我会想象自己舔了一下这把勺子，希望能从其味道想起它是怎么来的，当时到底是用它干什么。我会完全沉浸在这个场景中。

第 3 个记忆站点

阳台 / 躺椅

我走向阳台，发现有一张躺椅挡住了去路。此处有特别多的机会运用感官展开联想。比如，它是什么颜色的椅子？它的框架是木制的还是金属的，它的表面是光滑的还是粗糙的？我必须绕过椅子继续向前走，还是必须把它挪开？我还会问自己，为什么有人把它留在了那里？是不是还会有人来把它放回阁楼呢？又或许，是不是某个孩子把它搬上来玩的？想象你看到自己避开椅子绕道走，或者将其折叠起来。记住，你是这部剧作的主角，只要情节自然，任由你导演。或许你还会因为被堵而恼火或沮丧。动用了情绪再好不过了，那会让你感觉更加真实。请记住，当自己真成了参与行动的一部分时，你才更可能欺骗大脑，使其相信这真的发生了（见第 44—45 页）。

第 4 个记忆站点

浴室 / 蜗牛

这一站问题较多，因为较难找到它们之间关联在一起的道理。然而，这意味着要用到第六章做的“打造关联”练习了。蜗牛是布满了浴室，浴缸上有、墙壁上有、水池里也有？还是只有一只蜗牛，身后的地砖上拖着一条亮晶晶的黏液的痕迹？抑或是这只蜗牛奇大无比？我个人倾向于想象黏液痕迹，因为夸大尺寸常会影响我们寻找逻辑线，不必要地增加大脑的负担，所以我更愿意让想象更符合实际、更可信一些。

第 5 个记忆站点

衣柜 / 雨伞

在设计的路径中，凡是碰到橱柜类，我都会有打开柜门这一环节！我想象着自己拉开门，一把鲜红的雨伞掉了出来。添加颜色很重要，因为它使联想更生动。当雨伞笨拙地哐当一声落在地板上时，我还尽力去听它掉落时发出的声音。我会问，为什么雨伞被搁在衣柜里？它在里面时是合拢的还是张开的？这把雨伞是小巧的折叠伞，还是一把长柄的大伞？它是谁的？把它捡起来还是放回去？

第 6 个记忆站点

客厅 / 玫瑰

客厅里散发着玫瑰的芳香。咖啡桌上放置着一个花瓶，瓶内绽放着鲜艳的黄色花朵。至于是什么颜色由你自己决定。我选择了黄色，那是因为黄色是一种快乐的颜色，收到花的人都会有此心情吧。为什么送花？它们是不是生日礼物？

第 7 个记忆站点

厨房 / 吊床

当我找不到任何明显的合理联想时，就会把自己置于场景内。我想象着在厨房里，一只吊床挂在橱柜把手上，挡住了通往后门的路。我一头扎进吊床，左右摇摆着。由于幅度太大，我撞到了冰箱。

至此，我们的行程结束了。现在我打赌，你一定能轻松地回答以下问题。当然，你要在脑海中回放刚才想象的场景寻找答案：

浴室里有什么东西？

玫瑰放在哪里？

清单上的第四项是什么物品？

羽毛和蜗牛之间是哪项？

你能按顺序说出所有 7 样东西的名称吗？

现在试做下页的练习，然后阅读其后第 77 页上的结论。

练习六

你的第一次旅行

现在需要测试一下刚学到的路径记忆法了。这一次我不会将我的联想强加给你，因为你自己的联想永远比我为你建立的联想有效得多。按下列步骤进行，始终不要试图改变你最初浮现的直觉，但尽可能运用你的感官使其生动。

1. 在家中设计一条12个记忆站点的路线。如果家中站点不足，那就向屋外延伸。可以穿过花园，沿道路继续前行。首先，确保路线合乎逻辑，例如，不要把第一站定为卧室，第二站定为厨房，第三站定为套间。其次，一旦离开某个房间，不要返回该房间。计划阶段如果有必要，将站点写在纸上，我在1987年第一次开发自己的旅行路线时就是先写在纸上的。

2. 在脑海中一遍又一遍地熟悉这段行程，直到熟悉到可以不假思索地正走和反走。如有可能，你最好亲身走走这段路程。

3. 一旦你确信，自己对这条旅行路线已经了如指掌，就学习使用路径记忆法，按照正确的顺序记住下面的12项内容。尽量发挥生动的想象力。记住，一定要用上逻辑、创造力、感官和情绪。当你沿着这条路线前进时，不要企图为了加深记忆，回头重看这些项。相信自己有能力记住这些项及其顺序。时间不限，但通常几分钟就够了。

蛋糕 · 马 · 报纸 · 烧水壶 · 鞭子 · 大炮

香蕉 · 电话机 · 猫王 · 望远镜 · 钟 · 咖啡

4. 现在，把它们盖住，开始回忆，看看你能按正确的顺序回忆出多少项，用笔把想起的写下来。有些项比其他项更容易记。例如，猫王可能是被大家记得最牢的那个。记不记得我说过，“路径记忆法”更适合用人做代码？正是这个原因，我把所有扑克牌的代码都换成了人，能记起9项及以上就算相当不错。

5. 现在，为了向自己证明该方法是彻底有效的，请回答以下测试问题：

这组词的哪个项目介于猫王和钟之间？

这组词的第三项是什么？

这组词的大炮排第几位？

香蕉的后面是什么？

你能以相反的顺序正确回忆出多少项？

逆序回忆这些项目有点困难。所以，假如你12项都答对了，那么恭喜你。如果没有全对也别担心，随着不断的练习，你会觉得记忆越来越容易。

结语：揭秘魔法

再问你一个问题。你在本章的练习实践中动用了左脑和右脑的哪些功能呢？你用了多少感官功能？回答是，相当多！

你的左脑使用了顺序、逻辑、言语、分析和运算（例如，回忆第 72 页的那组词的第四项是什么时，你使用了运算的功能）。右脑赋予你想象力、色彩、维度（物体的大小和形状）、空间意识（即位置和方位感）。你的感官让你有了味觉、触觉、视觉、嗅觉和声觉。大脑的两个半球和你所有的感官都协调工作。

前面的练习是本书中最重要的练习之一，因为这是你第一次设计自己的旅程，并用它来记住我提供给你的物品清单。我可以一五一十地把我所知道、思考并发现的关于路径记忆法的一切毫无保留地告诉你，但如果你不开始亲身实践，包括亲自设计自己的旅程，那么它就仍然只是一个抽象的概念，不会令你的记忆力有任何提高。我在辅导大家的过程中，特别喜欢此刻。因为在此刻，方法已凑齐，路径记忆法的神奇效果需要你亲身去体验。

十一

路径记忆法的科学依据

有关路径记忆法，以上所讲都表明，用真实的、熟悉的旅行路线为记忆项提供挂靠，可以使路径记忆法发挥最佳的记忆效果。但这有科学道理吗？仅反复使用旅行路线就能让我们的记忆力更强吗？为什么真实的路线会那么有效？

2002 年，我和另外 9 位记忆大师一起参与了伦敦神经学研究所展开的一项研究，目的是观察我们在记忆信息时大脑有什么变化。

我们做了功能性磁共振造影（FMRI），脑部进行了扫描，一是为了发现我们的大脑结构是否有特别之处，二是为了了解我们在记忆信息时大脑内有什么变化。扫描的结果将与对照组中无超能记忆成绩的人进行比较。这一研究最后得出的结论是，我们的大脑在结构上和普通人的大脑没有什么两样。

然而，证据也表明，我们这些掌握了某种记忆方法的人在记忆信息时使用了“空间学习策略”。也就是说，我们动用了大脑的一个被叫作海马体的区域。大脑实际有两个海马体，但平时大家倾向于将它们统称为海马体。海马体是对空间记忆特别重要的区域，它用以记录周围的环境，确定自己在某个空间的位置，比如在房间、建筑物、公园、城市等。本质上，海马体的作用是帮助我们避免迷路！有了这个结果，路径记忆法对记忆有效就不难理解了。

当我试图记忆数百个词语、数字或扑克牌时，我的行进路线是熟悉的高尔夫球场、度假地、城镇、村庄、朋友的家和花园以及最喜欢的散步路线。我每次使用路径记忆法，都会使海马区活跃起来，而它越活跃就越发达，继而越使我的整体记忆能力得到加强。一项研究表明，伦敦出租车司机的海马区往往比其他人群略大，这是由于他们都曾花了 3 年时间熟悉这座城市大大小小的约 500 条路线。越是经验丰富的司机，其海马体越大。我认为，这个结果的直接原因是这份职业要求从业者长期地进行空间思维。道理同健身，如果你想拥有一个平坦的腹部，就必须经常锻炼腹肌。

地点感与情景记忆

当我置身于一个非常熟悉的地方，比如我家的厨房，我对它的感知是多样的，因为这里有着太多的个人记忆。地点似乎会因不同的往事回忆而呈现出不同的样子。如果此刻你正身处自己住了多年的地方，那就环顾一下四周，试着回想当年或过去某一天的自己在此地时的身影，体会一下，有什么不同的感觉？

我每想起和某段经历有关的地方时，这段回忆中的情绪就会令此地感觉不同。我认为，一个人的地点感不单纯是他对空间的感觉，它还和情景记忆有关。情景记忆是一个人对自己所经历的事件的那部分记忆。一个人的情景记忆是他内心的自传式记忆，当一个地方在个人的某段经历中意义非凡，他对此地的印象就越深刻，当用作帮助记忆的工具时，效力也越强。

我曾做过调查员，一直很想知道，是否可以模拟一个人对一个地方的感觉。所以我曾使用游戏软件，尝试在虚拟世界里开发一条人造的路线用于记忆。但我发现，虽然我也能从中获得一点地点感，但虚拟的远不如真实的有效。不知为何，我的大脑就是不完全信服。因此结论很简单：成功的路线总是那些富有情景记忆和空间感的路线。也就是说，路径记忆法最好用的是最熟悉的地方。

冯·雷斯托夫效应

然而，令路径记忆法有效的并不单单是地点感，图像如何与站点关联也很重要。1933 年，德国心理学家海德维格·冯·雷斯托夫（Hedwig von Restorff）进行了一系列实验，以期找出哪些事物是人们更容易记住的。她的结论是，事物越独特，记忆越牢固。如果某件东西有着与众不同的形状、大小、颜色等，它就更容易被回忆起来。例如，在一片红色的罂粟地里，一枝向日葵独立其中，那么向日葵更容易被人们记住；在一屋子打着黑色领带的人群中，有一个打着白色领带的人，那么他就会给人留下深刻的印象。现实世界如此，抽象世界亦如此。所以，在灯笼、马镫、鱼、钟、耳朵、花瓶、约翰尼·德普（Johnny Depp）、汽车、项链、手推车、手提箱、船、锤子、勺子这组词中，约翰尼·德普特别醒目，这不是因为他有名，而仅仅是因为他是这组词中唯一的人，其他都是无生命的物体。

时刻保持大脑在线

我的旅行路线常有建筑物，这样我就可把站点设置于建筑物内外，旅行中有进有出。我发现这很有助于集中注意力，因为环境变化可带来新鲜感。时不时地更换一下氛围，就似内心产生了小冲动或被人用胳膊肘顶了一下，可以防止自己注意力分散或疲沓。例如，我有一条旅行路线是从我家前门出发，然后绕村一周，沿途有商店。我会进入商店，再走出来。进入旅行社时，我可以“感觉”到迎面而来的潮湿闷热的空气，而当想象自己从里面出来时，我能“感觉”到新鲜的空气扑面而来，令我精神为之一振，真实得如现实生活一般。这又是一起忽悠大脑、令其把想象中的事情当真的把戏。

冯·雷斯托夫效应解释了路径记忆法之所以强大的另一大原因，那就是一组词中的每一项与站点的关联多少都有些特别或不同寻常。例如，假设要记的词是“船”，它恰好碰上当地的阵亡将士纪念碑作为站点。我会想象一艘巨大的战船在纪念碑的顶部晃晃悠悠地竭力保持平衡的画面，这让我时刻在担心它下一秒就会“哐当”一声掉下来。选择战船是因为它可将船与战争纪念馆有机关联。记忆项“船”因而非常与众不同，根据冯·雷斯托夫效应，它就更好记。简而言之，即便乍一看，记忆项都平平无奇，但通过使用路径记忆法，它们也变成特别容易记忆的项目。

十二

建设记忆路径库的 5 条建议

我认为我是强迫性人格。虽然记忆路径法已经让我像克莱顿·卡夫罗一样又快又准地记忆一副扑克牌，但那时我在《吉尼斯世界纪录大全》上看到,他的纪录是记忆6副扑克牌。既然我记一副扑克牌的能力已经和他不相上下，那么我自然也能记住6副扑克牌，甚至更多，让我的名字也出现在《吉尼斯世界纪录大全》上。就是说，既然我已创造出了路径记忆法，就绝不会止步不前，我一定要打破卡夫罗的纪录。我要做的就是增加旅行路线的数量，这样我就可以对付多副扑克牌。例如，为了记忆6副扑克牌，我需要设计6条旅行路线，每一条有52个记忆站点。这不难。

在三四个小时之内，我成功地掌握了3条高尔夫球场的路线、2条儿时居住过的家中路线和1条我曾经工作过的东萨塞克斯郡黑斯廷斯镇内的路线。顺便说一句，因为你可能不常打高尔夫球，所以可能会感到奇怪，3个高尔夫球场有何不同，作为记忆路径线路能区别开吗？这我还真的解释不了，我只能说，假如你是一名高尔夫球手，你就会明白！每个高尔夫球场都有有别于其他球场的地方可作记忆站点，也有它自己的坡度变化，玩得多了，像我这样，就会发现，每一个球场都是独一无二的。我成功用这6条路线记了6副扑克牌，没有出现任何错误。

为了向吉尼斯世界纪录挺进，也为了证明自己可以做到最好，我不断地完善这套方法。在此过程中，我发现，要想实现这一目标，我需要有一个记忆路径库，这样我就可以随心所欲地玩转记忆了。因此，数年来，我在完善路径记忆法的同时，也在不断地加紧记忆路径库的建设。起初，在我开发这套记忆方法并参加世界记忆力锦标赛的那几年里，我每年都会增加几条新路线，在我暂停参加比赛的那段时期，我每年也新增一条 52 个站点的路线。目前，我的记忆路径库有 70 条路线，每条有 52 个站点，都使用了无数次。有些是专用于竞赛的，方便记忆大量数据；有些专用于特定任务，例如记忆某个待办事项清单或记忆某个演讲的要点。

现在来看看我都选择了哪些地方。排位最靠前的 20 条路线是我最熟悉也是被验证为最成功的路线，有 3 个高尔夫球场、6 栋房子、5 家酒店、3 座城镇、2 所学校和 1 座教堂。它们都是我非常熟悉的地方，早就深深地烙印在我的脑海中。我将这 20 条路线排序，从路线 1 到路线 20，如果某个记忆任务需要用到不止一条路线，就按此顺序使用下一条线路。哪个地方是最好的路线没有硬性规定，这完全是个人选择。

但我确实想给你一些有关记忆路径库建设的建议，希望能帮助到你。

进军吉尼斯世界纪录

虽然有了记忆路径库加持，我也没能马上荣登吉尼斯世界纪录榜。我第一次挑战吉尼斯世界纪录是在 1988 年，成绩是记忆混洗的 6 副扑克牌，每张牌都只看一眼，零错误。可当年在我之后，有一个名叫乔纳森·汉考克（Jonathan Hancock）的英国人以 7 副扑克牌的成绩打破了我的纪录。

对于比赛，我比以往任何时候都更坚定。1989 年 6 月 11 日，我挑战了 25 副扑克牌，错了 4 个，但那还不够资格进入吉尼斯世界纪录。最后，在 1990 年 7 月 22 日，我成功了。我以记住了 35 副扑克牌（只有两个错误）的成绩被记入 1991 年的《吉尼斯世界纪录大全》。

我还记得当时正在度假。《吉尼斯世界纪录大全》发行当天，我冲进一家商店买了一本。我有多兴奋无以描述，因为这将改变我的生活！然而更重要的是，看到我的名字被白纸黑字印在纸上，我终于能确信自己不是那个被别人说成是头脑空空的人，凭借自信和决心，也许没有任何东西是我无法记住的。

今天，这个纪录已经被打破，但我还有其他几项吉尼斯世界纪录：记牌最多的人和记忆最快的人。1996 年，在英国一个名为《破纪录》的节目中，我仅用了 38.29 秒就记住了一副扑克牌。事实上，我仍保持着记扑克牌最多的人的纪录：54 副扑克牌，每张牌看一眼，只有 8 个错误，这是我在 2002 年 5 月创下的。这都归功于路径记忆法，那些路线已深入骨髓，成了我的第二本能。

第一条：选择自己了如指掌的路径

要想记得快，我们需要对记忆路径熟悉到了如指掌。这才能使注意力最大限度地集中于要记的项目而丝毫不分心于路线，这是我数次创造最快记忆纪录的法宝（见下页）。于我而言，和我的狗常漫步的森林、我住过多年的房子、城镇和村庄等都是完美的记忆路径。这些记忆路径我如数家珍，从一站到下一站，正着或是反着，完全是自动的，用不着思考。

我的路径是快照式的，各个记忆站点似一张张幻灯片，我能在其中瞬间移动，而不是在脑海里看到自己一步步走过去。但这不是一日之功，刚开始时，你可能还是需要在路径中“行走”，但当旅行习惯成自然，你终将能神奇地从一个地方“嗖”地瞬移到另一个地方。

第二条：选择对你有重要意义的路径

这条建议与第一条有些关联，但它挺重要，值得单列出来讲。我每次开始记忆之旅，都会把自己置身于旅行的第一站，然后花几秒钟的时间感受自己所在的位置，沉浸在周边的氛围中，穿越时光，试图重新找回自己彼时的情绪。其实我在欺骗大脑，让其相信我回到了过去，再次站在了那个地方。这样的场景想象得越真实，记忆就越牢固。提高记忆效果的最佳旅行路径往往是那些能把你带到对自己特别有意义、饱含情绪的地方的路线。我最喜欢的许多记忆路径都设在我感到特别快乐的地方。

第三条：选择变化多样的路径

设计路径的原则是，站点各不相同、有趣不乏味且位置多变。经常有学生认为，熟悉的列车路线应当很好。然而，他们很快发现，前面三四站还好，后面的都记不清了。用不了多久，所有火车站似乎都差不多，都似曾相识，难以分辨。

我曾经给一批学生布置了一项作业，把某份报纸的主要内容记下来。按照他们最初设计的路径，他们只能想起三四个标题，而且感到吃力。然后我给他们做了示范，如何通过将旅行趣味化从而大大提高记忆力。这堂课是在一座城堡上进行的，这简直妙极了，城堡可提供一系列有趣的站点。所以，我们起身到各个房间转一圈，一边走一边记。我们先在教室讨论了头版标题，接着来到了另一个房间，房间内有一张桌子，桌子上摆着一盘棋。在这个房间，我们再次看了报纸的第二版。然后来到餐厅，我给学生看第三版的照片和故事。在城堡转完一圈后，就进入了花园。每到一站，翻到下一版，直到最后我们来到了停车场，翻到最后一版讨论。令每一个人惊喜的是，当大家回到教室，同学们通过重新“脑走”这趟旅行，每一版都能多回忆出一条或多条新闻。

不管是在房间或建筑物的内部还是外面，也不管是穿过小路、河流还是田野，记忆路径库中的每条路线的各站点都应该尽可能彼此不同。风景的变化、室内室外的转换都令我机敏、专注，有效地防止我出现疲沓的情况。

第四条：选择专用路径专记某类事情

我发现，某些空间对于记忆某类事情特别有效。例如，开阔的空间对于记忆演讲和人名非常理想，我记演讲稿用的是高尔夫球场。这当然因人而异，对于我来说，在室外的场所记忆演讲内容时，会觉得受到的限制更少。室外空间大，放得下用于记忆的图像，因为有时需要的图像相当复杂，多个联想需搁在一个地方，需要地方比较大，比如记忆引文。记人名我用的是自己最喜欢的乡村散步路线，同样是因为有些名字，特别是那些 3 个或 4 个音节的名字，常需要我将多个画面关联放于同一个站点。旅行的每一站都有足够空间的话，将多个图像摆放一起不会感觉局促、别扭或不合逻辑。

另一方面，在记扑克牌时，我一般用一个画面代表一张或一对或更多扑克牌（之后会详述），记数字时我也是用一个画面记成对数字（后文有详述）。因此，对于记忆扑克牌和数字，由于图像和位置可以一对一，所以室内路径就够了。

当然，如何选择都是极其个性化的，自己最清楚哪种最适合自己。

第五条：选择有良好视角的路径

我每次走同一条旅行路线选择的视角都是相同的。例如，有条路线里的一站是旅行社，每走到这站，我都是站在门内看向墙上的广告；每走到铁路与公路交叉的道口那一站，我都是站在道口的中间，看向路的远方；每走到服装店，我都是透过窗户往里看，从不走进去由里向外看。采用相同视角可提高从某一站到下一站的速度。所以，我们从选择路线开始，就要考虑路线的站点是不是有良好的、直觉认可的视角，防止出现每次用到这条路线时都想换视角的情况。

十三

轮转记忆盘

一口气展示了那么多我的超级记忆力，可能会给大家一种错觉，那就是我记东西只要看一遍就能记住，无须复习之前记过的内容。事实上，我不是超人，怎么可能那么厉害呢?每次为了打破纪录挑战记忆时，让我意识到有一个极限，超过这个极限再继续向前，前面的内容就开始变得模糊了。所以，及时复习至关重要。不管记忆的是扑克牌、购物清单、会议信息，还是考试内容，知道何时该复习，该复习多少遍，这是能否记得住的关键。

有个很恰当的比方，那就是杂技表演中的轮转盘子表演。表演者将一个盘子用一根直立的杆子转起来，置于桌上，再取一根杆子转第二个盘子，大约转到第十个时，最先转的那两三个盘子的转速变慢，开始有些摇晃了。表演者要随时查看，走过去及时给前面的杆子增加点力量，让盘子再次快速转起来，再回来继续增加转盘，直到桌面上有 30 个或更多的盘子同时在旋转。

记忆物品清单也是如此。在我开始记忆长串内容时，比如几副牌，或是一组数字、人名等，在某个时刻，最初记忆的那几项开始变模糊了，这时就需要及时有效地复习，记忆效果才最好。至于如何知道什么时候该复习，也是因人而异的，需要每个人不断试错和摸索。

5 遍法则

如果让我在有限的时间内记忆大量内容，我需要有机会复习 5 遍才能牢记。复习遍数越多，记忆越牢固越持久。但如果时间短，比如说这是一场竞赛，或者我被要求必须在一个房间内快速记住一组人名，那么复习 5 遍是最少的。

2002 年，我创造了一项世界纪录，将 54 副扑克牌混在一起洗乱后记忆。将来有一天，我打算刷新这项纪录，记住 100 副扑克牌。到时我会将 5200 张扑克牌混洗，分成 100 叠，每叠 52 张，面朝下放在桌子上，然后尝试记住所有这些牌。每张牌只允许看一遍，全部看完后，尝试着按顺序回忆。入选《吉尼斯世界纪录大全》有严格的规定，出错率必须低于 0.5%，即回忆 5200 张牌出错不能超过 26 个。

这听似是一个不可能完成的挑战，但实际上，100 副 52 张扑克牌记忆起来并非不可能。首先，我完全有自信，我的这套记忆方法是有效的。我可以充分准备 100 条 52 个记忆站点的路线，运用路径记忆法，在线路的每一站点按照顺序依次放置一张牌。我熟悉每条路线，用完所有的旅行路线，也就记住了所有的牌。其实，我创造了一条捷径，可使我在每个站点放置两张牌，但目前还是不要搞得这么复杂，所以关于这个快捷的方法，我以后再做解释。

事实上，我是否能够成功记住这么多东西并不取决于我能否熟练运用路径记忆法，而取决于我能否有效复习，或者说，5法则是否有效。

记忆第一叠52张扑克牌大约需要3分钟，接着我就会立即复习，此为第一遍复习，大约需要30秒。由于这类挑战规定，挑战者只允许看一眼扑克牌，所以我不可能再次重翻扑克牌，因此，所谓复习，是指我在脑海中重走一遍这条路线。接下来记住4叠扑克牌也是如此，先记忆，紧接着复习。

当我连续记了5叠扑克牌，每叠都经过一遍复习后，我就会开始第二遍复习，即把这5叠牌从头到尾再回想一遍，之后才开始记忆接下来的扑克牌。同样，每记忆一叠，接着第一遍复习，5叠过后，这5叠再从头到尾在脑子里回想复习一遍。如此记到25叠后，也就是总数的四分之一时，每5叠为一组进行过第一遍和第二遍复习后，我将开始第三遍复习，就是说，从第一叠的第一张扑克牌依序复习到第25叠的最后一张。第四遍复习将在完成下一个25叠扑克牌的记忆和3遍复习之后进行，每一叠都经历与前25叠相同的复习过程。所以说，这一遍是从头到尾在脑海里复习50叠的牌。至此我已经有相当的把握可以准确地按顺序回忆起前2600张牌。

剩下的50叠牌如法炮制。最后，在记了所有100叠扑克牌之后，我进行第五遍也是最后一遍复习。一旦完成了第五遍复习，我将尝试回忆这5200张牌，逐一背诵。我估计，整个过程从记忆第一张牌到背诵最后一张牌大约需要6个小时。

下图是我应用5遍复习法则记忆100副牌的方法，能更直观地帮助大家理解。

记忆 100 副扑克牌的复习策略

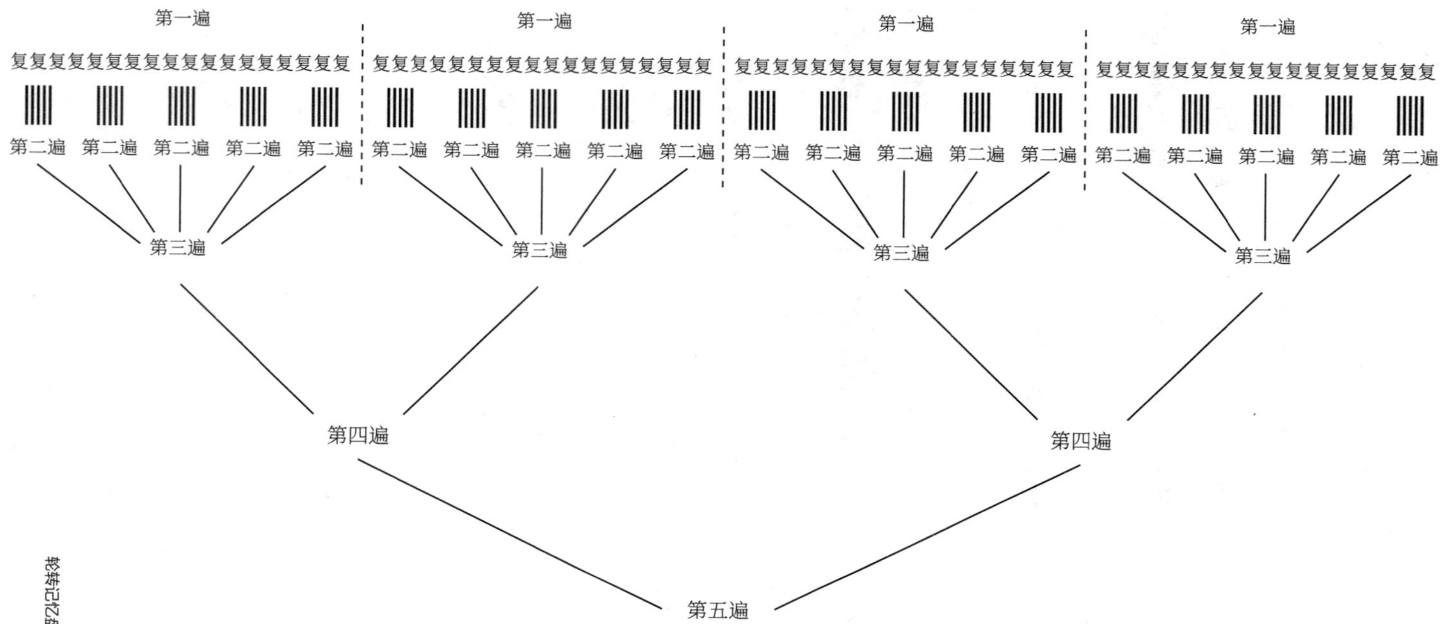

第一、第二、第三、第四和第五遍皆指复习阶段。扑克牌 5 叠为一组，每叠都是在刚记过后紧接着复习一遍，此为第一遍复习；5 叠之后总复习，此为第二遍复习。如此这般进入下一组，直到记忆到第 25 组。此时，再对所有 25 × 52 张牌进行总复习，此为第三遍复习。下一个 25 叠依此类推，完成后进行第四遍 50 叠扑克牌的总复习。然后继续，直到第五遍复习，即从头到尾的总复习。

我相信，正是这种复习模式令我赢得了 8 次世界记忆锦标赛的冠军。不管什么比赛，都有严格的时间限制，每个参赛者都只能在给定的时间内记忆和复习。我曾参加过一些比赛，发现大多数选手一开始复习，就争分夺秒地用笔记下所记内容，唯恐忘记。只有包括我在内的两三个选手平心静气地坐在原位，利用这段关键的时刻在脑海里复习一次。

无论记忆内容是什么，是人名头像，还是数千个二进制数字或数百个词汇，在记忆完之后，我都会立刻在脑海里复习一遍。当然，我必须承认，我并不是都复习 5 遍，因为没有那么多时间，尤其是在比赛中。尽管如此，我认为 5 遍是达成完美记忆的最优遍数，只要时间允许，就必遵守 5 遍法则。

下次聚会，如果有人将一群你从未谋面的人介绍给你时，或者你的合伙人连珠炮似的向你列出需要去商店采购的东西的清单时，或是你的老板口头下达给你一长串的工作任务时，就用这个 5 遍复习法吧。当信息传达给你后，你马上把这些姓名、购物清单或工作任务在脑海里重复一遍。如果你是在聚会现场记人名，也可以逐一与对方打招呼，当面验证一下，这样就会记得更牢。如果是购物清单或工作任务，千万不要急于去找纸笔写下来，你只需在脑海里立刻回想一遍即可。几分钟后再回想复习一遍，始终不慌不忙，保持平静。有可能一两遍就够，遍数随信息量大小而定。重要的是对于信息要立刻在脑海里回想复习，一刻也不要耽误。要是你没有立刻进行复习，而是慌忙寻找纸笔，实际上是浪费了最为宝贵的最佳记忆时间。其实，信息刚给出时都回想不起来的话，找纸笔也没用。若直接复习，不耽误时间，信息没有衰减，记忆的信息则能保全，也就能记得住。

辨别竞争对手

1998 年，在德国记忆锦标赛上，铃声响起，各项目比赛进入到复习阶段。在每次比赛中，大多数人都马上开始狂写。然而，我发现有一位选手双目紧闭，悄然而坐，显然在做最后一次复习。他在扑克牌项目、数字项目、记词语项目当中都是如此。在那一刻，我知道，这个人是我真正的竞争对手，他是有可能夺走我世界冠军头衔的人。他就是贡特尔 · 卡斯滕（Gunther Karsten）博士，他不仅赢得了 8 次德国脑力锦标赛冠军，还在 2007 年最终获得了世界脑力锦标赛冠军称号。他使用的方法也是“路径记忆法”，也进行复习，至于几遍，我不得而知！

十四

从记扑克牌到记数字

在我掌握了记扑克牌的方法之后不久，就很想知道，它能用于记忆长串的数字吗？我们的生活里处处都有数字，比如电话号码、交通时刻表、重量及长度、人口统计数字、选举结果、个人身份识别码、输入码、各种数字口令，等等。即便你不需要像我一样挑战记忆大赛，生活中的一切也经常需要量化、计数、估算并安全保存，因此能够记住数字相当重要！

心理学家已经确定，平均而言，大脑的短时记忆（或叫工作记忆）只能保留大约 7—9 条数据。这或许没错，但毫无疑问，它不是无法超越的。我已经向大家证明，运用我的记忆方法一次可记下的数字远超 9 个。事实上，我记住的不下数百个！关键在于，你需要掌握有效的记忆策略。

数学家们能体会到数字之美。遗憾的是，在我成长的过程中，我不像他们那样开窍和聪明。在我开始研究记忆术之前，一串串的数字令我眼花缭乱，看过就忘。但现在我对数字的感觉完全不同了：它们活了起来，有了生命，有了色彩，有时甚至还很幽默。现在，每个数字都拥有了自己的性格。为什么呢？因为用我创造的这套方法，至少对我来说，它们不再是普普通通、了无生趣、毫无意义，而已然变成了我的大脑可以自由组合支配的东西。

记忆数字的秘诀就是把数字转换为图像，赋予数字意义，这是数字记忆策略的核心，我称之为“数字语言”。

然而，有几个更简单的，也是大家常用的方法，所以我想先从这些教起，因为对于记忆像个人身份识别码之类的较短的数字，它们使用起来非常方便。

数字－形状法

你有没有觉得，数字“2”像天鹅，“4”像船帆，还像旗杆上插着的面旗？数字－形状法的原理是，任何数字都可以根据其独特的形状转换为图像。大家可以拿出一支笔和一张纸，快速做个实验，把从 0 到 9 的 10 个数字在脑海中浮现的第一个图像画下来。如有需要，先写下数字，然后画出图像，看看你联想到的和我联想到的（见下页）都是些什么。记住，你自己进行联想的作用往往更强。为了更清楚地说明这套方法的原理，此处附上这 10 个数字可能联想到的某些物品。

0 = 足球、圆环或轮子

1 = 铅笔、路灯或蜡烛

2 = 天鹅或蛇

3 = 嘴唇或手铐

4 = 船帆或旗帜

5 = 蛇或海马

6 = 高尔夫球杆或象鼻

7 = 回旋飞镖或斧头

8 = 雪人或煮蛋器

9 = 带绳子的气球或绳套

从 0 到 9 只有 10 个数字，将这 10 个数字转换成图像是非常简单的。当你能将数字看成某个物品，就可以使用这些物品编故事，用以记忆较短的数字。

例如，要记住数字“1792”，这是埃菲尔铁塔首次开放时的台阶数。使用数字 – 形状法，你可以想象自己在夜晚的巴黎，手持一支蜡烛（代表数字 1），走向埃菲尔铁塔。在入口处，你看到一名男子用斧头（代表数字 7）在砍铁塔的一根钢柱。男子一定是徒劳的，怎么可能砍断钢柱，但这幅场景更具冲击力，因而更好记。接着，你开始登塔，当到达顶峰时，有人把一个拴着绳子的气球（代表数字 9）送给你。想象气球的颜色，让它更有助于记忆，我用的是红色。当你站在埃菲尔铁塔的顶端凝视巴黎时，一轮满月散发着光辉，这时你看到一只天鹅的剪影穿过月面（代表数字 2）。

将故事背景置于数字的关联地是另一种重要的附加记忆方式。比如需要记住信用卡或借记卡账户的密码时，把路线设在当地银行附近特别合适，或者把路线设成从你的家到银行这段路程。

数字 – 谐音法

如果你觉得数字 – 形状法不适合，可以尝试数字 – 谐音法，即代表数字转换的形状图像与数字声音同韵。1（one）

可联想成面包（bun），因为one和bun同韵；2（two）可联想为鞋子（shoe），因为two与shoe同韵；以此类推。再一次强调，用哪个图像要由你自己来确定，它必须是你能最自然地联想到的：

0（zero）=HERO（英雄），NERO（尼禄，罗马帝国皇帝）

1（one）=BUN（面包），SUN（太阳）

2（two）=SHOE（鞋子），GLUE（胶水）

3（three）=TREE（树），SEA（海）

4（four）=DOOR（门），BOAR（野猪）

5（five）= HIVE（蜂巢），CHIVE（韭菜）

6（six）=STICK（木棍）、BRICK（砖块）

7（seven）=HEAVEN（天堂）或KEVIN（凯文，要是你有个叫此名字的朋友）

8（eight）=GATE（闸门），WEIGHT（重量）

9（nine）=WINE（葡萄酒），PINE（松树）

假设你乘公交车去拜访一位朋友，你的朋友告诉你，乘坐839路公共汽车直达她家。那应该怎么使用数字－谐音法记住该乘的那路公交车呢？这时你可以想象，公交车停靠在车站，上车要打开车门〔车门（gate）与数字8（eight）声音相近〕。你在公共汽车上看到的第一个人是坐在前排的人，她手里拿着一棵盆栽小树〔树（tree）与3（three）同韵〕，放于膝盖上。你经过她的身旁时，发现这棵小树是一棵松树〔松树（pine）与9（nine）谐音〕，你可以想象树上挂着圣诞装饰品，这能使松树的形象更加生动清晰。脑海里把这场景反复回想几次，相信你就再也不会忘记自己该乘哪路公交车了。

数字–形状法和数字–谐音法对于日常记忆较短的数字来说快速、简单而实用。然而，如果要参加世界记忆锦标赛，这些方法显然不够，所以我必须开发属于自己的记忆方法。

背诵 π

克莱顿·卡夫罗，这位激励我记扑克牌的第一人，成功地将圆周率的小数背到小数点后20013位。π 是一个无限不循环小数，因此，它可以很好地衡量一个人的记忆能力。毋庸置疑，背诵圆周率就是我为自己设定的下一个挑战目标。

我在多年对记忆技巧的探索中有几个发现，其中之一是，字母比数字更容易转化为各种形状图像。

早期尝试记忆数字时，我搬用了记忆扑克牌时将其转化为图像的方式，先将数字转化为字母，然后再将字母转化为图像。我开发了一套记忆数个 5 位数的方法，每一个 5 位数为一个图像。那么，我该怎么通过这套方法记忆圆周率呢？以下是 π 的前 30 位小数：

3.141592653589793238462643383279

我研究了前 15 个数字，决定给每个数字一个特定的字母，用这些字母组成一个或多个单词，令我可以把它们串成一个故事。为了提高字母可用几率，我写下从 A 到 U 的所有字母，然后在字母下按照从 1 到 9 的顺序写上数字，两轮之后，剩余的 3 个字母 S、T 和 U 都赋予数字 0，如下表所示：

A	B	C	D	E	F	G	H	I
1	2	3	4	5	6	7	8	9

J	K	L	M	N	O	P	Q
1	2	3	4	5	6	7	8

R	S	T	U
9	0	0	0

这时，1 为 A，即字母表的第一个字母，但 1 也为 J，即字母表的第十个字母；2 为 B 或 K；其他的以此类推。

通过这些数字 – 字母转换码，14159 变为 AMANI，26535 转为 BONCE，89793 成为 HIPI1。假如转换来的单词没有任何意义，那么我会将此单词按音节拆分为几个更小的单元，由此产生更多的图像。比如，AMANI 在我脑海中是一个印度男人（a man I）;BONCE，我会想象成一个头（bonce 意为脑袋）；至于 HIPIL，则是一个生病的臀部：a hip ill（hip，臀部；ill，生病的）。这个方法到目前为止还不错，可接下来的 15 个数字的字母转换码就不那么简单了：

23846	26433	83279
BLQDO	BOMCC	QCBPI

要想将这些字母组转化成图像，我必须拥有极其强大的创造性思维。因此，BLQDO 的画面是，我自己（DO=Dominic，多米尼克是我的名字）的头上顶着一块木头（BLQ 为 Block 的简写），竭力保持平衡；BOMCC 的画面是放置于摩托车上的一枚炸弹（CC 为摩托车的发动机排量参数单位，BOM 音同 bomb，炸弹的意思）；QCBPI 的画面是一名律师（QC 为 Queen's Counsel 的首字母缩写，意为女王的御用律师）向一名印度男子（I 是 Indian 的首字母，意为印度人）递上了英国石油公司（BP 为 British Petroleum 的首字母缩写，意为英国石油公司）的牌子。（虽然想象这些画面很费劲儿，但当时我只能想到这些。）

为了顺序无误地记住圆周率中的数字，我创造了一条加长路线。从我家出发，沿途经过村庄、教堂及其墓地，翻过一座小山，然后进入城镇。我将每一个 5 位数的画面挂靠在旅行路线中的一站，就这样坚持到我连续不间断地进行了 820 个记忆站点，每个站点挂靠着圆周率的 5 个数字，这让我能背诵到圆周率的第 4100 位小数。

这样的成绩距离卡夫罗的纪录还相差甚远，但我认为，只要我有足够的毅力，追上卡夫罗的纪录还是可能的。然而，经过这样的转换，记忆圆周率实在是很艰巨的任务；所以，我决定放弃此法，另辟蹊径，完善数字记忆方法。

创造一种数字语言

我想要找到这样一套方法，它能让我在一瞬间把所看到的数字形成画面，就像阅读时文字给我的感觉一样。

我在想，既然图像的方法用在扑克牌上奏效，为什么用在数字上不行呢？随后我意识到了问题所在。5 个数字为一组太复杂，我应该将数字每两个分成一组。最终，经过不亚于背诵数千位圆周率的辛苦，我找到了方法，它帮助我获得了 8 个世界记忆锦标赛冠军，而我将其称之为“多米尼克法”。

始终保持积极的心态

反观这段时间记忆圆周率的过程，大家会觉得我简直在浪费时间。但是，尽管我似乎是白白花费了数周的时间用来记忆这些数字，还是从这次经历中收获了很多。它让我知道，不管记忆的对象是什么，记忆的数量有多少，而这些都是没有限制的，只要我能在这个世界上找到合适的领域用于挂靠。它还让我知道，记忆数字的速度取决于我使用的方法的效率和我练习的程度。

十五

多米尼克法

多米尼克法是这样的：从 0 到 9 的 10 个数字中，每个数字配有一个特定的字母，得到一个数字 – 字母对，将 10 个数字 – 字母对排列成队。此法是我记圆周率时所用方法的改进版，它简化了代码，因为每个数字只对应一个字母。具体如下：

1=A	6=S
2=B	7=G
3=C	8=H
4=D	9=N
5=E	0=O

数字 1 到 5 分别对应字母 A 到 E，也就是字母表的前 5 个字母。起初，我决定按字母表顺序给数字配对，感觉这是最合乎逻辑的方法。然而，我很快发现这并不是最自然的方式，所以选择了跟着直觉走。

6 与 S 配对，因为 6 读作 Six，读音近似；7 与 G 配对是因为有个七国集团（G7）财长会议；8 与 H 配对，因为 8 读作 eight，与 H 发音相似；9 与 N 配对，因为 9 写作 nine，首字母为 N；0 与 O 配对，则因其形状似 O。

用这套新的转换码，再简化字母组合，缩短成两个为一组，比长的组合好用很多。转换后的圆周率前 24 位的字母代码如下：

14	15	92	65	35	89
AD	AE	NB	SE	CE	HN

79	32	38	46	26	43
GN	CB	CH	DS	BS	DC

我从记忆扑克牌中发现，人比物品更利于记忆，而这些成对的字母让人联想到人名，要么姓名的首字母，要么姓名的片段。这样，无论是首字母还是片段，我都能轻松将数字转换为人了。

我用数字选择代表人的标准是他对我有没有特殊意义。他们要么是我认识的，要么是名人，美誉远扬的或臭名昭著的都可以，只要能让我在扫到数字时，刹那间可以想起来。

例如，我在高尔夫俱乐部认识一个叫艾迪（Addie）的人，AD（14）立刻让我想起了他。NB（92）让我想起一个叫诺比（Nobby）的人。看到 HN（89），我想到我的嫂子哈妮（Henny）。GN（79）补上两个 e 就是基恩（Gene）；DS（46）想到的是德斯蒙德（Desmond）；DC（43）想到的是迪克（Dick）。

其余的数字我利用姓名的首字母缩写去对应：AE（15）是 Albert Einstein（阿尔伯特 · 爱因斯坦）；SE（65）为歌

手 Sheena Easton（希娜·伊斯顿）；CE（35）是演员 Clinton Eastwood（克林特·伊斯特伍德）。

数字任由我记

0 到 9 可以有 100 种两两组合（00、01、02……一直到 97、98、99）。若要使用多米尼克法快速记忆任意一组数，我需要为每一个组合配一个人名，存于脑海。也就是说，我需要花些时间设计一个有 100 个人名的清单，对应这 100 个组合。贯穿本书，我的例子都是自己平时使用的，所以你要设计出你自己的组合才好用。

使用道具、特征和动作

我发现，配给数字的人物若有某种道具、个性特征或动作，则容易记得牢固。例如，我想象 Addie（AD/14）挥动高尔夫球杆；嫂子 Henny（HN/89）是一名艺术家，所以我想象她拿着一支画笔；歌手 Sheena Easton（SE/65）手握麦克风。

串联人物

一旦你熟悉了整个人物阵容，并能熟练地将两位数字转换成人物，你就可以使用路径记忆法记忆较长的数字了。

如何记忆圆周率呢？你可从你家里的环境设计路线开始。下面我带着你记忆前 10 位小数，但你最终能记到多少位要看你设计的路线的长度。如果你能做到像我一样，几条路线合并起来用，那就可以轻松记忆数以千计的位数。我经常用的是多条 50 个记忆站点的路线，记忆方法和扑克牌类似。记住，对应每一个记忆站点的是两数字组合的转码人物。用法如下：

第 1 个记忆站点	前门	AD	14
第 2 个记忆站点	厨房	AE	15
第 3 个记忆站点	设备间	NB	92
第 4 个记忆站点	客厅	SE	65
第 5 个记忆站点	楼梯	CE	35

在我家前门处，我看到艾迪（Addie Ad/14）站在门口挥动着他的高尔夫球杆。我躲闪着走过艾迪，竭力避开被他的

球杆打到。我走进厨房，看到阿尔伯特·爱因斯坦（Albert Einstein AE/15）在我家布告板上书写公式。在设备间里，诺比（Nobby NB/92）漫不经心地在弹吉他，但他越来越恼火，因为从客厅里传来了其他音乐。我去了客厅，看到希娜·伊斯顿（Sheena Easten SE/65）对着麦克风唱歌。我离开客厅，继续向前，准备上楼，但第一级台阶上站着克林特·伊斯特伍德（Clinton Eastwood CE/35），口里嚼着雪茄，说着他的经典台词："来吧，让我也高兴高兴！"

把这些场景再走一遍，我就知道我肯定已经记住了圆周率的前十位小数。而且，我可以倒背如流，因为这只需要倒着将居所路线走一遍而已。需要说明的是，对于这种较短的数字，不用 5 遍复习法（见第 97—99 页）都能记住。

了解了多米尼克法的用法，你可以做下页的练习了。

记忆两个数字

在本练习中，用哪些人、走哪条10站的路线都由你自己决定。你有5分钟的时间用于记忆（步骤4）。步骤5所列的问题用于测试你选择的人物是否有效。

1. 在一张纸上写下数字0到9这10个数字。给每个数字一个字母代码，写在数字旁边。这个字母应是一个你感觉符合逻辑的。

2. 现在，请看下面20位的数字：

5 6 6 4 9 2 8 8 2 7 5 3 1 2 2 0 1 5 3 5

不改变数字的顺序，每两个数字为一组，将每组数字写在一张纸的左侧，作为第一列。

3. 在每对数字旁，写下相应的字母转换码，这是第二列。在第三列，赋予每一对字母转换码一个人物形象（把字母对看作某个人姓名的首字母，或者某个让你想起某人的字母组合）。在最后一列，写下每个人物的动作、特征或道具。

56
65
92
88
27
53
12
20
15
35

4. 脑海里沿着这条10站之旅的路线走一遍。在第一站，想象你名单上的第一个人物，同时想象伴随他们的道具、特征或动作以及各种感受到的细节和情绪。继续导演这部迷你电影，直到你走过所有的站点，所有的人物都有了鲜活的形象。完成后，对旅途中的人物进行一次复习。复习纯凭记忆，不复看人物表。

5. 现在，看看你能正确回答出如下多少问题。正确回答得越多，说明转换码越有效。把你的答案记在一张纸上，然后对照原始数字，检查正确与否。

数字中的第 7 个数字是几？

2 和 7 后面是哪两个数字？

前 6 个数字是什么？

最后 4 个数字是什么？

在第一个 3 之前有多少个数字？

1 和 5 之前有哪两个数字？

第 13 个数字是什么？

第 11、第 17 和第 19 个数字是什么？

每 3 个为一组分组，你能写出每组的第三个数吗？

你能倒着写出这组数字吗？（如果做不到，不要担心，毕竟这是你的第一次尝试！）

如果你没能正确回答所有问题，别担心。再试一次，可以只记下数组中的前10个数字。在纸上写下你能记住的所有数字进行自测。一旦你能准确无误地回忆起前10个数字，再尝试记忆20个数字，而后用这些问题进行测试。

十六

双配对及复合图像

在上一章的训练中，你已将10组数字对转换成了人物编码。可我在前面提到过，若要高效地使用多米尼克法，最好胸中有100个人物形象对应0—9这10个数字组成的所有的100个数字组合。我承认，这需要投入相当大的精力，将100个人物及其相关动作、特征和伴随的道具与数字组合一一对应起来，并熟练到一看到数字即刻就联想到人物形象。这是非常耗时的巨大工程，堪比熟练掌握一门新的语言。然而，一旦你掌握了这种新语言，你会发现，你不仅可以在日常生活中实际使用，而且学习过程本身还会锻炼自己的大脑，提高注意力水平并增强记忆力。

世界记忆锦标赛有10个项目。它们形式各异，包括数字、二进制数字、扑克牌、人名头像、日期、词语、图形。最让人头疼的一场比赛是“1小时听记数字”。在这项比赛中，参赛者需要在1小时内记住尽可能多的数字，然后他们必须按照正确的顺序复述这些数字。我第一次参加锦标赛时，使用的就是刚刚教你的“多米尼克法”，即在我旅行路线的每个站点安置一个人物（代表两位数）。我之前的几次锦标赛都是用此方法，在1小时内记住了1000个数字，并获得了几次世界冠军。然而，随着越来越多的人进入到记忆领域的这项运动中，不仅参赛者的数量逐年增加，而且他们的水平也在不断提高。我意识到，如果我想保持自己的竞争优势，就需要继续提高“多米尼克法”的效率。

冠军赛轮次

世界记忆锦标赛于 1991 年首次亮相，是思维导图发明者东尼 · 博赞(Tony Buzan)和国际象棋大师雷蒙德 · 基恩爵士（Raymond Keene）共同创办的。他们认为，人们需要锻炼体格的同时，也需要锻炼大脑。我们有国际体育比赛促进体格锻炼，那么，若想促进脑力的锻炼，有什么能比举办一场国际比赛、云集全世界拥有最强大脑的人相互竞争更好的呢？从世界记忆锦标赛发起时，我就参与其中，既是选手，也是比赛的组织者。作为组织者，我所做的工作是完善构成比赛的 10 个轮次，确保对每个参赛者公平的比赛规则。锦标赛的轮次如下：

抽象图形 · 二进制数字 · 1 小时数字记忆 · 人名头像 · 数字速记 · 历史和未来事件 · 1 小时扑克牌记忆 · 随机词语记忆 · 听记数字 · 快速扑克牌

这些比赛项目我都喜欢，但我最喜欢的是 1 小时扑克牌记忆，因为这是对耐力的真正考验。这项比赛要求参赛者在 1 个小时内记住 24 副扑克牌，绝对能测出自己的实力和耐力！听记数字恐怕是最令人疲惫的，因为它的计分方式是“突然死亡法”。虽然我能做到以每秒 1 个的速度回忆 300 个数字，但如果我一时心急想不起来下 1 个数字，比如第 3 个数字，那么我的分数就是 2。这实际是对心理紧张度、注意力和抗干扰能力的测试。

那么该怎么做呢？显然，我必须将更多数字挤进旅行路线的每一个记忆站点。每一站挂靠的数字量增加 1 倍，即一个站点安置 4 个数字，1 小时内我能记住的数字量就会增加 1 倍。美妙的是，我的“多米尼克记忆法”自身就嵌入了这种解决方案。

大家还记得吗，在我的这套体系中，每个人物形象都有一个个性化的动作、特征或职业。我发现，如果我将数字中的第一对数字转换为人物，而把第二对数字转换为另一个人物的职业、特征或动作，然后把第一对数字的人物与第二对数字的人物的职业、特征或动作结合起来，比如说，动作合为一体，安置于旅行路线的第一站，接着把第三对数字（即第五和第六位数字）转换为人物，第四对数字（即第七和第八位数字）转换为职业，将它们合在一起安置于旅行路线的第二站。后面的依此类推，这样就能在旅行路线的每一站放置 4 个数字。

例如，如果我想记住 8 个数字“15562053”，我只需要使用旅行路线中的两站。第一对数字（15）的字母代码是 AE，即阿尔伯特·爱因斯坦（Albert Einstein）。第二对数字的字母代码为 ES，即电影《剪刀手爱德华》（*Edward Scissorhands*）中的剪刀手爱德华。所以，要记住这个数字的前 4 位数，我想象，在旅程的第一站，阿尔伯特·爱因斯坦在剪头发，手中的剪刀正是爱德华的剪刀。爱德华本人的形象并不出现，而是由爱因斯坦代替他出镜，完成修剪的动作，这个动作是早在初始的记忆方法中就记熟了的。第三对数字（20）对应的字母代码是 BO，在我的人物库里是巴拉克·奥巴马（Barracks Obama），这是我新近更新过的人物。最后一对数字 53 的字母代码是 EC，对应的人物是吉他手埃里克·克莱普顿（Eric Clapton），他的动作是弹吉他。所以，要记住这 4 个数字，我想象巴拉克·奥巴马在弹吉他。我将此画面安置于旅行路线的第二站。有趣的是，如果你把这两对数字颠倒成 5320，画面将是埃里克·克莱普顿挥舞着美国国旗。该方法适用于数字的任何排列方式。

我把人物连同其代理的职业、特征或动作称为复合图像。实际上，它们是可互换的智力拼图块，可以有 10000 种不同的方式混合和匹配，所以我能够在尽可能短的时间内记住大量的数字。

我认为，正是因为我在这个方法上下了功夫，我在早期的比赛中领先于其他选手。他们都没能找到一个如此有效的方法，可一次记住 4 个数字。然而，现在情况变了，如今的竞争对手越来越擅长数字记忆，所以我仍在完善这套方法。现实让我不敢懈怠！

十七

纸牌记忆高手：记住多副扑克牌

一直以来，我都在和数字打交道，尤其还创造了复合图像这一招（见第 128—132 页），这让我在记忆扑克牌上一发不可收。最初，我只是想打破克莱顿·卡夫罗创造的单副牌记忆纪录，但我很快就发现，我有能力记多副牌。后来我想，如果能将记忆数字的方法与记牌的方法或策略结合起来用，记多副扑克牌就更不成问题了。

现在，我们已经有了记扑克牌的基本技巧。我常劝人说，我们在学习一项新技能时要一步一个脚印，这样不容易失败。所以，我建议你一定先熟练掌握最基本的、一个站点安置一张牌的技巧，之后再练习多米尼克法，然后再尝试本章中的技巧。为了便于大家在开始本章的进化版方法时更好地掌握此法，我把它分解成了一个个小步骤，便于你能时不时地取得一些小成功受到鼓舞，防止过早地因贪图太多而感到失败和沮丧。先拿几张牌试试，别贪多，只为树立信心，相信此法可用。成功了，动力和信心就足了，此时再用此法尝试记忆更多的扑克牌，之后就是整副扑克牌，甚至多副扑克牌。

初级记忆

准备一副扑克牌，抽出其中的宫廷牌 J（Jacks，杰克）、Q（Queens，皇后）和 K（Kings，国王），按花色（梅花、方片、红桃和黑桃）分成 4 叠。

这时候，我们要运用学过的一些技巧了。在本书的开头我说过，我把每一张扑克牌联想为一个人物形象，其中有些人物几乎与扑克牌合体，会在一瞬间出现在我面前。我给牌配人物的原则是，某张牌的花色、点数要和人物有清晰的、合乎逻辑的关系。下面咱就来试一试。比如，我们将方片 Q（Queen，即皇后）看作英格兰的女王伊丽莎白二世；将红桃 Q 看作妻子或女朋友；把红桃 K 看作丈夫或男朋友。就是说，方片（英文为 Diamond，即钻石）关联财富，配与富人，而红桃（或叫红心）配与自己的爱人或自己仰慕的人。

人物配好后，接下来按“多米尼克法”的要求，给人物配上道具、特征或动作。例如，如果配给方片 K 的人物是比尔·盖茨，就想象他正在数着成捆的现金，或者坐在笔记本电脑前查看最新的银行账单。道具、特征或动作的设定会使人物活起来，时间长了，有助于你记忆更长的扑克牌，因为你可以把每张卡片都变成一个复杂的图像，就像我对长卡片所做的那样。

我们将这些宫廷牌扣放在面前，然后一张接一张地掀开。每掀开一张，看着它，联想一个人物角色，再给人物一个动作，然后掀开下一张牌，直到所有的宫廷牌都有了一个人物角色以及动作。然后回想一遍，必要时做些修改，直到自己满意后，把他们牢记在心。

当这些宫廷牌的人物形象会自然地第一时间在脑海里浮现时，说明你已准备就绪，可以把它们打乱顺序，尝试记牌了。准备好一个有 12 个站点的旅行路线。你可以从自己的旅行库里挑一个，或者重新创造一个。我之前说过，我总是有一些专门用来记忆扑克牌和数字的旅行路线，另有一些更适合记忆人名头像以及词汇的。（见第 92 页）

先沿此路线走几遍，熟悉一下各站点。将一叠洗好的宫廷牌面朝下放在面前，翻开第一张牌。因为之前做了充分的准备，这时你的脑海里应该立刻浮现分配给它的人物形象，你所需要做的就是把这个人物以及他的道具、特征或动作放置于旅程的第一站。

假设你翻开的第一张牌是红桃 K，你给这张牌配的人物是你的父亲。假定你父亲热衷于打网球，那么动作就有了。

如果你的旅行路线的第一站是你家院子的大门，你可以想象父亲在你家院门口练习发球，球被发过了院门，落在了门外的道路上。在他捡球险些撞车时你倒吸了一口凉气！假定下一张牌是方片 Q，而你给她设定的人物形象是女王伊丽莎白二世，她的动作是给某人封爵，你可以把她放在旅行路线的第二站，比如你家的入户门，想象你走向她，她示意你跪下，为你授爵。

这个过程你需要不吝时间不厌其烦，一站一站走完全程，将 12 张宫廷牌放置于旅行路线的 12 个站点。此过程的目的是解放想象力，赋予纸牌生命，并让自己能够熟练地从上一站转换到下一站。此刻，大脑必须同时做几件事：看牌，将其转换为一个人物角色，把这个角色放在旅程的站点，记住它。另外，不要忘记动用情绪和各种感官，尽力符合逻辑，不给大脑增添不必要的负担。如果有必要，再重新来一遍，当确信自己记住了，不看牌，在脑海里回想一遍。然后，仍然不看牌，将它们默写在纸上。

你做得怎样？有几个记错不要紧，别对自己太苛刻，但要找出出错的原因。如果是因为人物或动作与牌的关联不够强，不易联想，那就换一个。你要记住——熟能生巧。重新洗牌再次进行整个练习，直到完全没有错误为止。

扩展记忆

一旦掌握了记忆 12 张宫廷牌后，就到了你表演的时候！接下来你可以开始记忆 52 张牌。先打基础，用和记宫廷牌一样的方法，给剩余的 40 张牌赋予人物角色以及道具、特征或动作。这听起来虽然是一个巨大的工程，但是一旦完成，用它记牌时，你会发现，它们是你手边最棒的，训练记忆的工具。

给牌赋予人物角色

如果你前面已经成功地使用“多米尼克法”为 100 个数字组合赋予了人物角色（见第 118 —122 页），那么，再给这 40 张牌赋予人物角色就是小儿科。先挑出那些让你联想到某个人的牌，比如黑桃 A 让你想到你的老板，或者你特别钦佩的老师。我的一个学生用了一个英国的流行乐队——七小龙乐团——对应梅花 7！我喜欢用詹姆斯·邦德对应方片 7（英语为钻石 7），因为他的特工号是 007，是电影《永远的钻石》的男主角。然后稍微调整“多米尼克法”，把剩余的也都赋予角色。

用“多米尼克法”记扑克牌

之前记忆数字时，我们是将数字两个为一组，先将其转换成相应的字母，然后再从字母转换成人物。记扑克牌不是这样。“多米尼克法”记扑克牌是把牌的点数转换为相应的字母作为第一个字母，第二个字母使用该牌花色名称的首字母。例如，黑桃 2 转换为 B（2 的对应字母）S（英文黑桃为 Spade，S 是其首字母），红桃 8 转换为 HH。任何花色的王牌都取字母 A，任何花色的 10 都取字母 O，除非你先前已经为某张牌赋予了不属于“多米尼克法”的特别人物角色。

搞定每张牌的字母对后，在纸上列为一栏，采用与记数字时同样的做法，将成对的字母写在左列，下一列写下相应的人物姓名。我赋给 BS 的人物是 Bram Stoker〔布拉姆·斯托克，小说《德古拉》(*Dracula*) 的作者〕，而 HH 则是摔跤手 Hulk Hogan（胡尔克·霍根），或 Harry Houdini（哈里·胡迪尼）或 Hermann Hesse（赫尔曼·黑塞）。当然，你不必总是使用名人，如果你认识一个叫 Helen Harris（海伦·哈里斯）的人，完全可以换成她，然后再下一列记每个人物的动作、特征或道具。

熟记角色

历经千辛万苦终于找出这些对应的角色，这时你一定特别想马上开始熟悉他们。然而，我建议你慢慢来，这样才能记得更长久、更牢固。给自己定个目标，每天 10 张牌，熟悉其相应的角色及动作，坚持 4 天，加上之前记的 12 张宫廷牌，正好是一副。第五天进行包括宫廷牌在内的总复习，能不看牌则不看牌，在心里一次翻一张，默诵角色的姓名、道具、特征或动作。

你也可采用更正规的方法，即运用“五步复习法”过一遍。每天熟悉 10 个角色并复习，除了复习当天的，还要复习前几日的，包括宫廷牌。这样，当第五天进行全面复习时，所有角色都应该已经进入你的长时记忆。多遍复习更好，比如早晚各复习一遍。当你觉得自己胸有成竹后，就可以做下页的练习了。所以，开始做吧，做完后再继续进行学习更高级的方法。

完整记忆一副扑克牌

聚沙成塔、集腋成裘，大的成功总是由很多个小的成功积累而成，所以体验小小的成功非常重要，因为它有助于提升自信心。所以，本练习要求你使用最基本的方法来记忆半副牌，熟练掌握后，再尝试记忆整副牌。

1. 选择一个你完全熟悉的26站的旅行路线，熟悉到记牌时完全无须思考站点。路线确定后，从52张牌中数出26张，洗几遍，扣放在面前。翻开最上面的牌，放在一旁。将这张牌的对应角色、道具、特征或动作与旅行路线的第一站相关联。完成后，翻开下一张牌，关联第二站。继续翻牌，将每张牌与旅行路线的站点关联，直到完成所有26张扑克牌。

2. 内心重演一遍这趟旅行。这套方法对于保持记忆效果很不错，因此可以在记完所有26张牌之后再复习。复习时，不要看牌，默走一遍旅行，内心回想每一张牌。然后，在纸上按顺序记录下每张牌的内容作为正式答案。这时翻开牌对照，检验自己的表现。答对10—16张牌的为非常“好”；答对17张及以上的为“极好”。一旦你能毫无压力地记住所有26张牌，进行下面第3步。

3. 重复步骤1和步骤2，但这次是记整副扑克牌。为此，你需要一条52站的路线。毫无困难后，就可以尝试下面的高级记牌法了。

高级记牌法

记忆数字时，你可以通过把某个角色与另外一个角色的道具、特征或动作组合在一起的“复合图像法”完成同时记忆 4 位数字的目标。这个方法同样适用于记扑克牌。所以，记忆一整副扑克牌只需要 26 站的旅行，就是说，52 站的旅行可以用于记两副扑克牌。下面是此方法的全过程。

假设你翻开的前两张牌分别是梅花 6（SC）和黑桃 5（ES），你给 SC 的人物角色是 Simon Cowell（西蒙·考威尔，曾担任《美国偶像》节目评委），动作是狂按蜂鸣器，以表达他对达人秀节目某一幕的不满；给 ES 的角色是前拳击手和著名的美国脱口秀主持人 ED Sullivan（埃德·沙利文），动作是出拳。那么在旅行的第一站，你想象西蒙·考威尔在出拳，而不是狂按蜂鸣器（他本人招牌的动作），这样一合并，则一个站点等于放了两张牌，而不是一张。再假设你选择的旅行路线的第一站是你家的入户门，此时你可以想象，西蒙·考威尔戴着拳击手套连续击打紧闭的门，好像企图击门而入。如法炮制，将其他牌都以此方式两个一组放置在旅站，这样，你就只需要 26 站就能记全 52 张牌。

玩纸牌游戏

由于我开发了这套高级记忆方法，并且熟练地掌握了它，所以能相对轻松地记住多副扑克牌。我不仅可以在各种记忆比赛中获奖并惊艳观众，还成为一名纸牌高手。有一段时间，我以玩赌场游戏“21点”为生，利用强大的记忆力优势在赌场跟人赌博，赢了一大笔钱。不出所料，我也最终被禁止走入英国和美国的任何赌场！

当然，不是每个人都是“21点”职业玩家，迫切地想要提高自己记牌的能力，但掌握该方法能令你在家庭娱乐活动中大展身手，比如惠斯特牌或桥牌。打惠斯特牌时，洗好的牌发给4名牌手，每个牌手手中有13张牌，以赢墩为目的：每一轮如有王牌打出，大者得墩；如果没有牌手打出王牌，领先花色中最大的得墩。比如说，你想记住4人游戏里下面的这轮出牌。4名牌手（第一列）分别打出了下牌（第二列）。第三列和第四列分别是我赋予它们的人物角色。

牌手1	梅花3	CC	查理·卓别林
牌手2	梅花4	DC	大卫·科波菲尔
牌手3	梅花8	HC	希拉里·克林顿
牌手4	梅花Ace	AC	阿尔·卡彭

记忆方式有多种，采取哪一种取决于你想要记什么内容。

如果你只是想知道哪些牌已经打出，可以尝试想象向每张牌的关联角色身上泼一桶水。我想象每个人在被泼成落汤鸡时的反应：查理·卓别林一脸悲伤；大卫·科波菲尔则是满脸懊悔；希拉里·克林顿感又震惊又沮丧；阿尔·卡彭愤怒地瞪着我且面带威胁！一旦你在脑海里“看到”了这些表情，只需要回想一下那个角色有没有被淋过，就知道什么牌还没有打出。

还有一个更精准的方法。使用一个 26 站的旅程路线记忆出牌的顺序。利用复合图像方法（将一张牌的角色和另一张牌的道具、特征或动作合成一幅图像）一次记忆两张牌。我在第一站想象的是查理·卓别林从帽子里拽出一只兔子（卓别林做出魔术师大卫·科波菲尔的动作）。在第二站，我想象的是希拉里·克林顿手拿机关枪扫射的画面（黑社会老大阿尔·卡彭的动作）。第二轮牌打过之后，我把这 4 张牌放在接下来的两个旅站，后面的牌如法炮制，直到所有的牌都打完为止。

最后一种方法是，你可以为每位牌手安排一条旅行路线，这样可以记住每位牌手打出过哪些牌。使用这个方法的前提是，你已经极其熟练地掌握了这套方法。你需要 4 条路线，各有 13 站。坐在你左手边的牌手 1 可使用公园路线，牌手 2 可使用购物中心路线，依此类推。当牌手 1 打出梅花 3 时，想象查理·卓别林站在公园的大门处（第一站）；当牌手 2 打出梅花 4 时，想象大卫·科波菲尔在购物中心入口变戏法……

十八

提高记忆速度

无论是玩纸牌游戏还是赌场赌博，记牌速度快才能在游戏或赌局中发挥作用。速度是不可教的，只能靠练习。你练习得越多，速度就越快。但我可以告诉你我是如何做到记得又快又准的。

要想说明我是如何把控时间的，我觉得必须向你精确地描述我在记前6张牌时的思维过程，这样能让你更明白。

首先是旅行：在我的想象世界里，我站在萨里郡吉尔福德市的一家旅行社里。屋内没有人，但周围的环境我印象深刻——墙上贴着度假广告，屋外的大街传来嘈杂的声音。

现实世界里，我一连发了两张牌，分别是方片A和梅花7。立刻，演员约翰·克里斯（John Cleese）的轮廓在我脑海浮现，他是方片A的人物代码〔方片A（Ace of Diamonds）原由新闻播报员安妮·戴蒙德（Anne Diamond）作为代码，现在我更改成了克里斯坐在书桌前说着他的经典台词“前所未有的表演”〕。此时，克里斯正坐在浴缸里说着“前所未有的表演”。浴缸是梅花7的道具（梅花7的人物代码是我的朋友保罗坐在浴缸里）。我在脑海中闪过我对这场奇景的反应——这荒诞程度媲美《巨蟒剧团》典型的白描派森小品。瞬间，我发现这是合乎逻辑的匹配（克里斯是巨蟒剧团成员），然后进入下一站。

打破速度极限

你可能会发现，刚开始记牌时，进步明显，速度越来越快，然后就会遭遇瓶颈。大多数人会停留在五六分钟左右记一副扑克牌的速度上，再快就难了。那么，怎么跨过这道坎呢？几年前，有一位选手对我说，她怎么也迈不过4分钟的坎。我问她出错情况，她告诉我，每副扑克牌她都零失误。这就是问题所在，虽听着奇怪，但我记牌追求速度时，通常会出五到六个错误。我不追求完美。为什么呢？因为假如不出错，我就不会知道在快速记牌时我能力的极限在哪儿？允许自己出一两个错误，实际是在逼迫自己挑战极限。然而，我确实需要知道极限在哪儿，这样我在比赛中就可以适度放慢速度，不招致罚分就行。

你可能会想，这不是和我之前建议的零失败记牌训练相矛盾吗？的确矛盾，但一旦你启动了记忆训练，最重要的是要获得信心，相信自己能做到，我就是如此。一旦有了这种自信，就愿意冒险，愿意大胆扩大边界，最大限度拉伸思维和记忆。哪怕这意味着其间犯一两个错，我有信心不让它们成为冠军路上的阻碍。

我又连续翻了两张牌：黑桃 6 和红桃 A。我站在铁路和公路的交叉路口，看到妻子（6 为 Six，令我想到 Sexy，“性感”，她本姓 Smith，都和黑桃 Spade 的 S 关联）在给自己打针（红桃 A 的角色是我的一个朋友，年轻时失足染上了毒瘾）。这一幕给我的感觉是极度震惊，但却是好事，这有助记忆。

我再次翻了两张牌：红桃 J 和黑桃 10。透过一家服装店的窗户，我看到我的叔叔（他长得比较像红桃 J 中的杰克）骑着大象。（黑桃 10 在我的角色表中是两种动物，其一是大象，其二是我的狗，什么时候用哪个没有规律。你也可以用“多米尼克法”里的首字母 OS 代替黑桃 10。）我可以感觉到我叔叔在服装店里骑在大象身上的尴尬。

就是这样，前 6 张牌搞定。我花了多长时间呢？大约 4 秒钟！

有人认为，我必定是有一种独特的天赋，能够在脑海里秒现细致的画面。然而，正如我前面说过的，我脑海里的画面其实并不精细，也不需要摄像式不分巨细照单全收的画面来帮助记忆。在很大程度上，对记忆起重要作用的是我对场景的总体印象产生的情感体验。在回忆阶段，重现的画面和我当初创造的画面是有出入的，并不完全一致。在我的记牌表现中起关键作用的是情绪足迹。

人们的各种情绪往往是瞬间产生的，它们对视觉刺激有如膝跳反射般自动。情绪是相当强大的。想象某个场景，捕捉自己对此场景的情绪反应，之后再由此触发回忆，较之于追求画面逼真更快且更有效。

这似乎与我之前说的发挥创造力、动用想象力和各种感官相矛盾。上述是我训练自己快速记牌时的思路历程。然而，刚开始时，我愿意强调画面的作用，强调尽可能让画面或有趣或悲伤，甚或暴力以求能够牢记。这起初当然是有用的，但随着时间的推移，以及越来越多的练习，我越来越熟练，越来越不需要想象或夸大细枝末节，因为对我来说，创造旅行路线如今是家常便饭。

你练习一段时间后，也能做到，不再依赖细节，而是关注情绪反应，旅行也将逐渐由奇幻、滑稽的卡通式变为更离奇荒诞的带着情绪的连续剧。但要到达此境界，你需要付出专注和努力，让练习成为日常。记扑克牌是锻炼记忆的最佳练习之一，练习本身对日常生活也有极大的帮助。通过定期练习（比如一天一次，坚持一个月），你甚至可以做到在 5 分钟内记住一整副扑克牌。而如果你能在 60 秒内完成，说不定咱们会在下次世界记忆锦标赛上见面！

十九

解密大脑：从技巧到技术

前文讲的都是我主要采用的记忆方法。这一章我想讲一下我用于训练大脑的另一种方法。我使用这种方法始于1997年，当时我被要求参加一系列实验，这些实验将测量我在记忆时大脑的活动。我被连接到一个叫作脑电图仪（EEG）的机器上，用来记录大脑活动。大脑的两个半球有一个通路，叫作胼胝体，研究人员致力于发现信息在胼胝体传递时大脑半球的电活动情况。他们分别在我记忆阶段和回忆阶段观察我大脑半球之间的电能平衡，以及所产生的脑波频率。

在电脑屏幕上实时看到自己的脑电波活动为我打开了一个全新的世界，它让我窥见了我在使用技巧记忆的时候大脑的活动情况。我原以为，我的大脑右半球更发达，但结果让我大吃一惊——两个半球产生了几乎完全相同的电压水平或微伏，它们似乎在记忆或回忆过程中都势均力敌，谁也不比谁更占优势。

然后，我也看到了我的脑波频率。人们产生的主要的脑电波频率有：

β波：这是快频率波，代表大脑正处于正常的警觉活动状态。β波对采取行动、作出决定及专注至关重要。β波频率范围为13到40赫兹。这个频率范围相当宽，因而，β波通常细分为高β波和低β波。值得一提的是，高β波（24—40赫兹）常与压力相关。大脑活动短期现高β波有利于快速思考和即时反应，但持久高β波活动相当消耗能量，可导致能量耗尽。

α波：α波较慢，是我们放松时产生的“静”频率，此时最具创造性想象，频率范围为9—12赫兹。

θ波：我觉得θ波是最有趣的脑波频率，常被认为是意识朦胧状态下的脑电波。θ波与做梦和快速眼动（REM）睡眠相关。许多研究人员认为，快速眼动睡眠有助于记忆的巩固。不在睡眠状态下的θ波有助于创造性思维和逻辑思维，而这两种思维对提高记忆力都很重要。θ波的频率范围为5—8赫兹。

δ波：δ波是最慢的波，它们与深度睡眠和深度身体放松有关。它们的频率范围为1—4赫兹。

当我在记忆52张牌时，我的大脑活动覆盖了从最慢的δ波到最快的β波的全部频率波，但以α波和θ波为主。这是为什么我整个过程都是放松的，富于创造力的，与我创造的记忆过程完全符合。在回忆的过程中，θ 波占比最多，表明 θ 波与回忆最为相关。

这些发现让我印象十分深刻，非常着迷，于是自己买了套设备进行测试，不仅测量自己的脑电波，还测量客户、朋友和家人的脑电波，因此对大脑活动有了些见解。

分析脑电图

我花了 10 多年的时间分析各种人的脑电图，有声称自己记忆力好的人，也有声称自己记忆力差的人；有年轻人，也有老年人；有仍在工作的，也有已经退休的。虽然每个人的大脑都有其独特之处，但我发现，在为数相对较少的、有着快乐和健康的生活方式的、记忆力不错的人群中，脑电波活动呈现一定的模式。无论他们是钢琴演奏家还是企业的 CEO、电视制作人或全职妈妈，这些人有 3 个共同点：

1. 他们最重要的一个共同点是，他们的两个脑半球在振幅或强度方面都是极其平衡的。

2. 他们可以在 β 波和 δ 波之间的频率范围内转换，也就是说，他们可以轻松切换频率。这对于优化脑力至关重要，类似汽车的换挡可最优化使用发动机。

3. 他们可以产生频率为10赫兹的高能α波，这种波有利于放松和接收信息。

现代技术与记忆训练

在参加记忆锦标赛前的两三个月里，我进行的是全天候训练。在此期间，我不仅要整顿好自己的身体状态，还必须调整好大脑的状态。我自己在家使用EEG（见154页）和 AVS（见 159 页）仪器进行检测，以确保我的大脑两半球彼此交流顺畅。

世界记忆锦标赛由 10 个项目组成（见第 129 页）。每一项我都轮流反复练习，练到我对自己的方法和速度都充满信心。通常情况下，我使用 3 条各有 50 站的路线，用复合图像每站安排 4 个数字，记忆大约 600 个数字。我有一个计算机小程序，每秒在屏幕上显示 6 个二进制数字，我用这个小程序练习在 50 秒内按顺序记忆 300 个数字。我还使用计算机软件，以每秒一位数的速度背诵 300 位数字。这些都是很好的方法，可以让我的大脑长时间集中注意力，有利于听记训练。另有一个计算机程序，它随机从电子词典中选择 300 个词语，我尽力在 15 分钟内记住这些词语。我还有一个程序是生成年月日和随机名词的，我用它锻炼自己记忆虚拟事件和日期（在真正的比赛中，我都是将每个事件提炼成一个关键名词）。另有一个生成抽象图像的。关于人名与头像的记忆训练，我用的是社交网站，我力争 15 分钟内匹配 100 个人名和头像。

利用数据

那么，了解这些有什么实际意义呢？如果你能学会将脑电波调整到记忆的最佳频率，就能获得自动提高记忆的能力。使用技术实现这一点有两种方法：脑波反馈技术和视听刺激技术。好消息是，我认为（虽然我没有做过实证研究）不使用仪器，只按本书中的记忆训练思路，照样能训练大脑进入最佳的记忆频率。换言之，“原始的”技巧可能耗时长，投入多，但它们的效果不比使用仪器训练差。不过，出于兴趣，我把如何使用仪器快速训练记忆做一简单介绍。

脑波反馈技术——看，不用手操控！

你有没有想过只用脑子在电脑上打游戏？这听起来是不是太魔幻了，简直是天方夜谭？但这是真的。假设你压力很大，大脑产生了过多的高 β 波（见第 154—155 页），渐渐注意力涣散，记忆力减退。有个办法帮你解决这个问题，就是把自己连接到脑波反馈系统，打一场只有在大脑产生较慢的 α 波和 θ 波时才能战胜对方的游戏。比如，游戏中你需要移动一个球，使其穿越迷宫，但球只有在 β 波减少、α 波增加的情况下才能被移动，必须放松大脑才能成功。大脑经过几次强制放松后，会自动降档，你的记忆力开始恢复。

视听刺激技术——粉色记忆眼镜

另一种影响脑电波的方法是使用视听刺激（AVS）技术。你坐在椅子上，戴上一副内置发光二极管（LEDs）的眼镜。灯光可随意设置闪烁频率，可设成你想要的脑波频率，大脑会自己调谐，与其同步，这叫频率跟随响应。例如，如果你想训练大脑快速转为 α 波状态，你可把灯的闪烁频率设置为 10 赫兹；然后，闭上眼睛坐下来，让脑波调谐到与闪烁的灯光一致，这大约持续 20 分钟。AVS 是一种非常强大的工具，它不会对身体造成创伤，也不让人产生依赖，却能帮助大脑恢复到良好的工作状态。我真心希望每个家庭都能有一套！

逆转大脑疲劳

我现在已经离不开脑电图仪和视听刺激仪了。虽然它们听起来像是哥特式恐怖小说里的东西，但利用这些仪器调整大脑的确对我的训练发挥了至关重要的作用。在我记忆的时候，我需要放松但要专注。这时最理想的主导波应介于较慢的 5—8 赫兹 θ 波和较快的 13—14 赫兹的低 β 波之间。如果 β 波与 θ 波的比值小于 3:2，我就会表现出压力大的迹象（这是我见过的那些声称自己记忆力差的人的最大共同点），在这种情况下，我会采取措施，包括使用 AVS，消除压力（见第 243 —248 页）。

我使用 AVS 帮助自己对大脑的电活动进行微调，使其平衡。我既可以设置频率模式让大脑在犯困时加快频率使其警醒，也可以让它在压力大时减慢频率。我的脑电波跟随仪器的闪烁自行产生类似的频率。当数十亿的神经元受到灯光的刺激而“同步起舞”时，我感到完全放松。放松之后是心定，周围的世界都清晰了，颜色也更鲜明了。仪器也显示，我在这些训练后，大脑的总体电压增加。最大的好处是压力水平降低了，我可以更清楚地思考。有趣的是，越是状态不好，越能感觉到 AVS 的用处。假如我的身体已经处于最佳状态，精神也极度放松，则很难感受到 AVS 可带来的变化。

二十

第一届世界记忆锦标赛

自从创造了自己的记忆技巧，我开始不断地打破记忆纪录，同时，我还想要新的挑战。我想举办一场记忆大赛，集聚全世界最优秀的记忆大师现场竞技。实际上，大家早就在每年一度的“吉尼斯世界纪录”上明争暗夺，那为何不公开正式地让大家齐聚一堂一决高下呢？我认识几个有超凡记扑克牌和记数字能力的人，而且我知道他们愿意迎接挑战。但问题来了，为公平起见，我不能既设计比赛，又参加比赛，尤其是在我多少还有获胜机会的情况下。

巧的是，只是一念之间，机会就来了。1991 年，我收到了国际象棋大师雷蒙德·基恩的来信，邀请我参加当年晚些时候计划举办的赛事。全文如下：

尊敬的奥布莱恩先生：

克莱顿·卡夫罗向我们推荐了您，说您有可能对我们正在组织的“第一届记忆大赛”感兴趣。随函附上详细信息，我衷心希望您能参加。顺便说一句，我是《泰晤士报》的国际象棋专栏作家，曾在桥牌专栏中看到过您的成绩。

期待您的回复！

此致，

敬礼！

雷蒙德·基恩官佐勋衔

这个时机来得简直不可思议。它给我的感觉是，我奋斗了 3 年，为的就是参加这样的比赛，而比赛就如约而至，随一封信摆在了我的面前。

雷蒙德·基恩和思维导图创始人东尼·博赞提出了记忆锦标赛的概念，现在他们已经准备好向全世界发起这项运动。我第一次见到他们两人时，他们问起了我的记忆方法，还问到了我是如何踏入这个领域的。我如实相告，东尼转过脸来对雷蒙德说："他是个内行。"

这两位联合创始人和许多有可能参赛的选手进行了交谈，听取了大家的建议，并记录了我们各自的记忆优势，据此举办了有史以来第一届世界记忆锦标赛，他们称之为"Memoriad"。仅仅一个月后，我和其他 6 个人在伦敦雅典娜俱乐部争夺有史以来第一个世界记忆冠军的头衔。东尼·博赞称我们为"记忆七巨头"。

这次的比赛只有一天的时间。我当时身着燕尾服，竭尽所能做了准备。到达俱乐部时，我紧张极了，因为这是我第一次见我的引路人克莱顿·卡夫罗。待到真正见面时，我发现除去他极具魅力外，我对他的第一印象是，他脚上的黑色皮鞋光可鉴人。我心想，如果他的表现如这双鞋一般亮眼，我真是一点获胜的希望都没有了！

我们之间的竞争十分激烈，但我最终依靠异常的毅力，夺得了最后一个项目“单副牌速记”的冠军。我击败了克莱顿·卡夫罗，以快他 30 秒的成绩刷新了由他创造的单副扑克牌的纪录，为我 3 年来刻苦的大脑训练画上了圆满的句号：我的成绩是 2 分 29 秒，零错误。

记忆锦标赛已举办了 20 年，规则和个人项目听取了全世界一流记忆大师的建议，得到了不断地调整和完善。你跟我学习如何增强记忆力也有段时间了，已接触过大部分比赛项目，尤其是与数字和扑克牌有关的项目，当然还有随机词语。所有这些项目你都可以用我教给你的方法。令我十分欣慰的是，我还能教给你比赛中的另外两个项目：15 分钟抽象图形和 30 分钟的随机二进制数字记忆。前者我之后会详加介绍，接下来我要讲的是如何记忆二进制数字，我认为这是最高级别的大脑常规训练。

二十一

锦标赛集训：二进制数字

第一届世界记忆锦标赛大获成功。在接下来的一年，我们都清楚，竞赛必须规模更大、质量更好，更能挑战参赛者的记忆极限。我当时向组织者提出，记忆二进制数字是对个人记忆能力和创造力的巨大考验。二进制数字对于任何想要通过学习提高记忆能力的人来说都是一个很好的锻炼。

二进制代码是所有计算机工作的语言，它代表开关的两种状态：开（1）或关（0）。所以，当你看到一个二进制数时，它只是一串含1和0的数字。下面是一行随机排列的30位1和0。请大家思考，怎么按顺序记忆它们呢？

1 1 0 0 1 1 0 0 1 0 1 0 0 1 1 0 1 0 1 1 1 1 1 1 0 0 1 1 0 1

现在知道为什么我认为记忆二进制数字是极好的对大脑敏捷度的测试了吧！这无疑是一个艰巨的挑战。当然，30位二进制数字还不足以难倒世界上最伟大的记忆大师们。记忆锦标赛中该项目的比赛要求选手至少按顺序记100行30位二进制数，而且时间只有半个小时。

1997年，我成功地在30分钟内记住了2385个二进制数字，创造了一项新的世界纪录。此后，又有人超过了我。有人会问，这怎么可能记住啊？就像其他项目一样，记忆二进制数字也需要一套方法。其实，只要你掌握了“多米尼克法”，记忆二进制数字是相对简单的。

我解决记忆二进制数字的方案是，创建数字代码，用代码把二进制数转换为可用的数字。我列出了所有可能的 3 位数字的组合，然后赋予每个 3 位数字组合一个数字代码。这些组合及其代码如下：

000=0	001=1
011=2	111=3
110=4	100=5
010=6	101=7

我的方法很简单，前 4 个组合的代码都是各自的数字之和，后 4 个由此往下顺，这里面我自有逻辑。当要记一个二进制数的时候，你只需要记住这些代码，根据排列，运用“多米尼克法”将“合适”的数字转换为角色，放置在旅途中。在锦标赛此项目的比赛中，选手是允许把这些代码（或个人所用的任何方法）写在二进制数字的上方的。

你可能会看不出学习记忆二进制数字对你有什么好处。但是，如果你想获得完美的记忆，记忆二进制数字是一项非常好的训练，因为这个训练融合了所有最佳的记忆方法的要素。所以，先听我说。

下面是一个 24 位的二进制数字。我已把它们转换成了它们的代码数字（括号内数字）：

1	1	0	(4)
0	1	1	(2)
0	0	1	(1)
0	1	0	(6)
1	0	1	(7)
1	0	1	(7)
0	1	1	(2)
0	1	0	(6)

接下来，把代码数字配对，得到：

（42）、（16）、（77）、（26）

然后，我依据“多米尼克法”为每一对数字配一个人物角色。他们依次是大卫·贝克汉姆（David Beckham）、阿诺德·施瓦辛格（Arnold Schwarzenegger）、Lady Gaga（原名史蒂芬妮·乔安妮·安吉丽娜·杰尔马诺塔）、巴特·辛普森（Bart Simpson）。你应该使用自己熟悉的角色，这样更便于记忆。

第一步，我想象英国足球运动员大卫·贝克汉姆（42）在举重。举重是施瓦辛格（16）的动作。

第二步，我想象歌手 Lady Gaga（77）学着巴特·辛普森（26）的样子大喊着他的经典台词：“吃我的短裤！”

听着很复杂，是不是？你可能会认为，这么多转换过程只为了记住一系列的 1 和 0，伤脑筋不说，还乏味得很。然而，你的大脑是一台惊人的机器，它的处理速度远远快于任何计算机。比如钢琴家吧，他的指速可以达到弹奏每个音符用时不到十分之一秒，熟练的钢琴家一秒钟可以扫描 20 个音符，这才使得他们的演奏无可挑剔。即便你在读这句话时，你的大脑经过了把字词转换成声音，把声音转换为意义的过程，快到根本不容你察觉。关键是练习，任何事情，当我们知道如何做之后，只要反复练习，就会变成自己的第二本能。

现在我们来试试下面的练习吧。

练习九

二进制宝库

好，现在轮到你了。只要你的大脑有能力做好下面的练习，获得惊人的记忆力已为时不远了。

1. 使用第169页上的代码，将以下30位的二进制数字转换为代码数字。在纸上写下3位一组数字的代码。

011010111100101000001101110011

2. 用1分钟的时间，做完练习中的其他步骤，即首先将数字代码转换为字母码，然后将字母码转换为人物角色，再将人物角色置于旅行路线中。用计时器定时，然后开始记忆。完成后，在一张纸上写下这个二进制数字。请直接写二进制数字，不要写中间代码。对照原数字，检验成绩。记对18—24个为“好”；记对25—30个为“非常好”。

3. 当你能成功且轻松地完成这项练习时，请朋友或家人再给你写一个30位的二进制数字，也可以闭上眼睛，自己随机在电脑键盘上敲入0和1，获得一个30位的二进制数字。这一次给自己一分半钟的时间，因为要算进去将二进制数字向数字代码转换的时间。整个过程完全按照正式的世界记忆锦标赛的标准，从二进制数字到记忆结束都掐着时间。

二十二

锦标赛集训：人名与头像

自从我在1991年赢得了第一届世界记忆锦标赛（当时叫Memoriad）的冠军，就被推到了聚光灯下，出现在世界各地的新闻媒体上。随后我雇了位经纪人，接着，又是上电视又是上各种聊天和游戏节目表演记扑克牌，向世界展示我可以记住所有在场观众的名字和面孔。

凭借强大的记忆能力出名有些让人哭笑不得，我随时随地会被要求表演。感觉是有压力的，要是在大型聚会上，或者我正在教满屋子的人如何提高记忆力的时候叫错了名字，那就太尴尬了。能记住别人的名字，对我们每一个人来说，都是非常重要的社交技能。而于我而言，则能证明我的记忆能力并非浪得虚名。记名字也是世界记忆锦标赛的热点之一。和记忆二进制数字一样，记人名同样是很好的锻炼记忆力的训练。

在世界记忆锦标赛上，参赛者会收到100张肖像照和各自的姓名，他们必须在15分钟内记住这些面孔及其姓名。然后，照片将以随机顺序再次呈现，选手必须正确地报出姓名。你可要知道，这些姓名可不总是简单的名字！选手来自世界各地，所以为了公平起见，姓名也来自世界各地。选手必须正确地拼出每一个人的名字，否则就会失分。所以你知道，掌握记人名方法对我在实际生活中面对真人时是多么有用了吧。

为了让你了解选手们面临的是什么样的挑战，我们来看看世界记忆锦标赛的题目里都有哪些名字：Ddetlef Sokolowski、Hleile Esposito、Ahlf Vogel、Gad Hotchkiss、Xiulan Majewski。瞧瞧，记清这些名字是不是一项相当艰巨的任务？到撰写本文为止，世界纪录保持者是来自德国的鲍里斯·康拉德（Boris Konrad），他在 15 分钟内正确记住了 97 个人名和头像。

那么，这是怎么做到的呢？这对记忆力训练很有用吗？世界记忆锦标赛的参赛选手在记忆人名和头像上所用的方法不尽相同，但他们遵循的原则是相同的，那就是都用到联想、地方和想象。

人名联想

我们记数字时要将数字转换成图形，同理，为了记住哪个人叫什么名字，我们也需要将名字转换成图形。假设你被介绍给一个名叫鲁伯特·瓦特（Rupert Watts）的人。不知道为什么，这个人让你想起了你的牙医，此时就抓住这个联想，想象这个人穿着牙医的白大褂。那么，怎么关联鲁伯特这个名字呢？也许这时你想到了某个名人，比如演员鲁伯特·埃弗雷特（Rupert Everett），或者媒体大亨鲁伯特·默多克（Rupert Murdoch）。我想到的是儿童连环漫画中的人物“宝贝熊鲁伯特”（Rupert Bear）。我想象的画面是，在牙医诊所，鲁伯特身穿白大褂，手拿着牙钻。他的姓“瓦特”让我联想到用电，所以我想到宝贝熊鲁伯特在牙医诊所换灯泡。再次碰到这个人时，他会令我想起我的牙医，之后一连串的关联都会让他的名字出现。

特征关联

如果你遇到的人没有让你联想到某个人怎么办呢？在这种情况下，我会设法找出他的身体或容貌特征和他的名字的关联。例如，我认识一个名叫 Tina（蒂娜）的女人，她个头不高，是小个子蒂娜。她姓 Bellingham（贝林厄姆），所以我想象小个子蒂娜在敲火腿片裹着的钟（BELL/rING/HAM，钟 / 敲钟 / 火腿）。

当然，实际情况是，很多名字想和特征建立起关联并不容易，但通常总有些东西可以关联。Rupert Watts（鲁伯特·瓦特）可能有一个“小巧（pert）”的鼻子，或者一个叫 Oliver（olive，橄榄）的孩子有双橄榄形的眼睛或橄榄色的皮肤。关联不强没关系，它起的作用仅是一个通过视觉可触发的机关，可引发联想，从而令人想起名字。

贝克街 221B 号福尔摩斯

不是只有视觉特征（相似性或身体特征）才能引发一系列令人忆起名字的情境，有时候名字本身就具备联想性。例如，有人告诉我那个人姓福尔摩斯，我直接就把此人送入了位于伦敦贝克街的 221B 号——这是著名小说人物、侦探夏洛克·福尔摩斯的家。我尽可能将他的脸关联福尔摩斯。比如我想象此人戴着猎鹿帽，抽着烟斗。还要把其名字植入场景。如果此人是一个叫彼得的男性，我就想象同叫彼得的我的父亲正在敲贝克街房号为 221B 的门，而福尔摩斯应声开门。如果此人是一个叫 Andrea（安德里亚）的女人，我就想象一个人形机器人（Android）在福尔摩斯的书房里端上茶来。

“你好，我叫 Arthur Stanislofsachinkolovspedeten”

我们生活在一个丰富的多元文化社会。随着旅行的增多，我们接触到来自不同文化的有趣的人。记住他们的名字，尤其是姓，是相当大的挑战，即使我这样经验丰富的记忆术掌握者来说也是如此。为了记住它们，我只能把名字分割成一个个更易记的小组合。

比如，一个人姓 Sokolowski（索科洛夫斯基），我就把它变成“sock on a low ski”(矮滑雪板上的袜子)。继续袜子主题，一个姓 Esposito 的，因为它谐音“expose a toe（露出脚趾）”，我会想象一只袜子上有一个洞，露出了脚趾。现在你试试怎么通过联想记住 Arthur Stanislofsachinkolovspedeten(亚瑟·斯坦尼斯洛夫斯佩德滕)，想出什么怪诞奇特而妙趣横生的关联了吗？我们的大脑都一样，喜欢寻找模式建立关联，所以总有办法建立联系来帮助记忆。等到第二天，你再试着把这个名字写在纸上，对照看贴近程度，检验这些联想是否有用，拼写是否正确。

如何记住一屋人

上述的方法我一般用在被介绍和某人认识，或者参加记忆锦标赛的时候。但当有一屋子人时，我如何炫技呢？我经常受到邀请做演讲，像在这种场合，记住在场每个人的名字很重要。如果仅有大约 50 名听众，记住每个人的名字是不难的，这比一副扑克牌还少！这时不用像记扑克牌，用牌的人物代码，可直接用真人。我不是有一个旅行库吗，其中有几条是专门记人的，每一条有 50 站，必要时接在一起，类似记扑克牌时的做法。

我的做法是：屋内第一个人告诉了我姓名，我把他放在旅程第一站，比如高尔夫俱乐部外的停车场。我想象我与这个人同在停车场。想象的同时，我不停地念叨着这个名字，仔细观察此人的脸。这张脸有什么特征特别突出？是尖鼻子？卷发？额上的伤疤？还是唇上的痣？他让我想起谁？我只需要抓住他的某个小特点或习惯动作。一旦确定人物形象，再关联上名字，就继续下一站，去记下一个人，直到记住所有人及其名字。

这套方法适用于各种情况，他们是作为听众坐在礼堂里也好，四处走动也好，都不影响。因为每一张脸关联着旅站，只要再次出现，我就可以将其“放置”在相应的旅站，即使这个人变换了位置。然而，我通常不会一口气记完整个礼堂或房间的人。人都有一个“遗忘阈值”，记忆达到此阈值后开始出现模糊。阈值高低不等，和记忆内容有关。我对数字和扑克牌的阈值很高，数字大约 200 个，扑克牌大约 100 张。自我感觉对人名和头像的阈值是 15。在我记忆到第 15 个名字和面孔之后，我需要告一段落，对刚走过的路线进行复习，沿足迹把心中的联想再过一遍，确保关联紧密。有时，因为关联不够紧密，我需要请他们重报一遍名字。这很麻烦，但有时确实会发生。复习之后，我心中才有把握去记忆接下来的 15 个名字和面孔。你的遗忘阈值可能大于 15，也可能小于 15，一定要通过反复尝试找出来，合理分段复习。

我是不是见过你？

如果你身处一个满是人的房间，还需要记住所有人的名字，下面这个练习就是拯救你的不二之选。这是世界记忆锦标赛中用的方法，非常适合练习。

仔细观察下面10张脸。使用本章中讲述的技巧，运用强大的想象力，关联起名字和肖像。必要时可用旅行路线帮助记忆，但因为我不要求顺序，不用也可以。

你有5分钟的时间完成记忆，回忆时间不限。5分钟结束时，翻到182页，那儿有一组打乱了顺序的肖像。看看你能想得起这些人的姓名吗？

BRIAN MCGRATH
布莱恩·麦克拉斯

JACQUELINE DACEY
杰奎琳·黛兹

BEN COBURN
本·考波恩

CHARLIE KNOTT
查莉·诺特

JOSEPH FLUTE
约瑟夫·弗洛特

JUDY BARRATT
朱迪·巴拉特

ABDULLAH SINGH
阿卜杜拉·辛格

MERIEL DALBY
梅丽尔·德尔比

TED DOYLE
泰德·多伊尔

EMMA STEVENS
爱玛·史蒂文斯

熟能生巧

各大社交网站提供有大量的人名和头像，是非常棒的测试记忆能力的工具。如果你真想擅长此术，练习是唯一的出路。登录这些网站，随机选择一些人名和头像，练习将它们关联起来，你的关联能力将迅速提高。现在做下面的练习，这是练习十的第二部分，头像的顺序已打乱。

练习十（第二部分）

我是不是曾经见过你?

下面是你在第181页上记住的10张面孔，但这一次我把它们的顺序打乱了。你还记得他们的名字吗？总共有20个名字，10个名字和10个姓氏。对每个正确的名字，奖励自己一分（总共20分）。得12—15分为“好”，16及以上为“极好”。

1

2

3

4

5

6

7

8

9

10

二十三

锦标赛集训：抽象图形

2006 年，我向世界记忆锦标赛推荐了一个新的比赛项目：抽象图形记忆。抽象图形是极好的记忆测试项目，是最公平的测试。该测试不需要一个人具备语言技能、数学能力，或者有语言参与的逻辑推理能力。它让大家都站在同一条起跑线上，是纯粹只有想象力参与的记忆测试。比赛的要求是，选手在 15 分钟内尽可能多地按顺序记住每 5 个一组呈现的黑白抽象图形。15 分钟结束后，他们会拿到一张有着相同图形但打乱了顺序的试卷。他们必须按原顺序给图形编号。

对于记忆抽象图形，我的办法是，看图形，抓住它给我的第一印象。请看下面第一行呈现的 5 个图形。你“看到”的是什么？

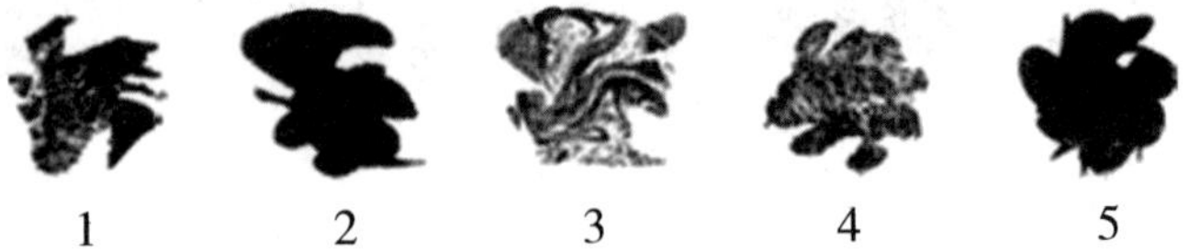

我看到的是：

1. 山羊头
2. 土地神
3. 大块头赛马骑师骑着小松鼠
4. 兔子
5. 飞行的蝙蝠

联想物已经有了，下一步是用它们来编一个故事，方便记住它们的顺序。例如，我想象山羊在啄食土地神，此时，一只奔跑的松鼠冲过来，跃过一只兔子，兔子正在吃一只蝙蝠。

接着我把这个小故事放在图形专用路线的第一站——我的屋后花园，说明这是第一排的5幅图形。后面的如法炮制，第二行图形放在旅行路线的第二站——花园棚屋。前后行程记录着图形的行序，故事则记录着每行图形的顺序。

下面是第二行示例。我没有给图形编号，因为在锦标赛里就是没有编号的，这样更真实：

这些图形让你想起了什么？

从左到右，我看到的是：一个滑稽的外星人，一只贵宾犬向天看，一个人在祈祷，一个戴着奇怪帽子的大鼻子男人，一只短角鹿。我想象的是，一个外星人正在打开我花园小屋的门，小屋有一只贵宾犬看守，屋内一个人在讨饶，他不幸被一个戴帽子的家伙抓住做了俘虏，小屋墙上钉着一只短角鹿的头。

下面还是这两行图形，但顺序不同：

通过回放我后花园的场景，我就知道，之前的图形顺序是：4、3、2、5、1。

不看答案，看看你能想起第二行图形的顺序吗？

在这些例子中，我给你的是我的联想，对你来说，其他联想或许更简便。记忆中较难的是怎么快速建立联想，并迅速地编出故事。这项练习是磨炼想象力和联想技巧的相当不错的方法。

练习十一

形状联想练习

记忆下方第一步中的三行抽象图形，时限为5分钟，可以定闹钟计时。然后，遮住步骤1的图形，将步骤2中打乱顺序的图形恢复为原始顺序。两行正确的为“好”，三行正确的为“极好”。

1. 请记忆图形

2. 请复原图形顺序

二十四

记忆冠军的日常：演讲

获得世界记忆锦标赛的冠军后，除了在各式聚会应大家的要求展示我强大的记人能力外，我还开始参加电视节目。谁承想，一个小时候毫无尊严的人竟然能上电视。一夜之间，我不得不学习怎么样适应镜头，怎么在数百万的观众面前表现自己，怎么清晰地表达思想，怎么克服羞涩。感谢上苍，让我向自己证明了，我的脑子并不笨，这让我的自信心倍增！

即便如此，在大庭广众面前演讲也不是我的长项。而且很显然，不是我一个人感觉如此。19 世纪的美国作家、因创作小说《哈克贝利·费恩历险记》而闻名的马克·吐温，曾在一次宴会做嘉宾，与美国内战领袖们共进晚餐。在领袖们滔滔不绝地发表了一番艰涩的演讲之后，他紧张地站起来说："恺撒和汉尼拔死了，惠灵顿不在世了，拿破仑也入土了。老实说，我有些不适。"说完就坐下了。这种情形似乎也不会随时间而改善。美国一项调查表明，许多人宁可去死，也不愿意在大庭广众面前演讲！

大家的演讲焦虑最通常的原因是，演讲时大脑常会变得一片空白。状况好的话，还能说一点儿，虽然可能前言不搭后语；坏的话，一句话都说不出来。你可能会想，那就念稿吧。但是，回顾一下你听过的精彩演讲，它是由一个耷拉着眼皮的人照着演讲稿读出来的吗？肯定不是吧。能令观众聚精会神、受到鼓舞的演讲者一定有着与观众交流的眼神，一张微笑的脸和极其自然的神态。把演讲稿背下来演讲，才能吸引听众，所以我要求自己演讲时必须做到这一点，镜头前如此，镜头后亦如此。

充分的准备

演讲若不做好充分准备，肯定一败涂地。我听到过的最好的建议是，“练习说出自己想说的话，接着再练一遍，然后再练一遍”。下笔之前，在准备阶段，就要剔除无关和无聊的内容，理清要点，合理安排，然后再开始写演讲稿。

准备演讲稿有一个极好的方法，那就是思维导图。它是由世界记忆锦标赛联合创始人东尼·博赞设计的，围绕中心主题组织信息的可视化工具。导图的中心是话题，此处为演讲主题。然后，随着想法和思考的深入，从中心发出枝杈，从枝杈再继续分出枝杈，最终我们获得一幅全面展示演讲内容的完整树形图。思维导图的目的是让主题元素之间的关系一目了然，使观点组织更自然、更连贯。

比如，你要做一个关于互联网的演讲。首先，取一张纸，在中心位置写上“互联网”，圈起来，或者画一台电脑样的图示。为了使思维导图的效果更佳，每一个主分支使用一种颜色便于引导及回忆。试想，如果地铁路线图不用颜色加以区分，那多难查询。比如你可用棕色表示电子邮件，红色表示病毒，绿色表示万维网，黄色表示互联网的起源，等等。从这些主分支中，又会延伸出子主题（子分支）。你可以联合使用各种图标和单个词语组织每个主分支当中的子主题。

这个工具最大的好处在于，它是非线性布局，允许大脑在谋划演讲时更随意，从而更具有创造性，想到什么，随时就可把它添加为主题和子主题，无须考虑先后。完成后，所有大小主题一目了然，你可自行判断，先说哪个，再说哪个，最后说哪个。我总是喜欢把分支和子分支进行编号，使演讲最自然、最合乎逻辑。

确定演讲如何组织后，按照思维导图上的顺序列出清单，标上序号。我通常将简短的演讲列出 5 条，每一条大约 2—5 分钟；如果是较长的演讲，可能会多达 20 条。一旦条目列出，剩下的就是用路径记忆法去记了。

创建思维导图

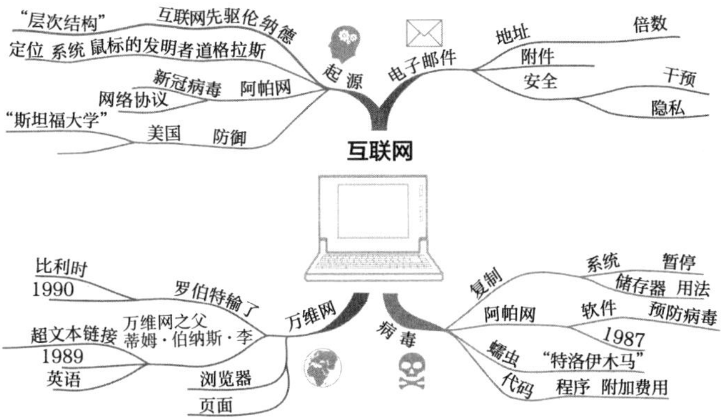

在思维导图中，中心主题居中，次级主题及其他信息向外呈放射状散开。思维导图有助于按照逻辑关系组织信息，便于打造连贯的演讲，同时创造视觉图像帮助记忆。

路径记忆法用于演讲

路径记忆法可完美地辅助演讲，因为演讲总是分条目的，有一定的顺序，适合旅行路线。其间如果有人提问打断，路径记忆法可随时帮你回到刚才被打断的地方继续进行。

所以，演讲条目一旦确定，就各给它们一个人物形象，放置在所选旅行路线中。我的旅行库里有几条我特别喜欢的专用于演讲的路线。我用于提示的视觉形象总是能简则简，但你刚开始练习的时候，可能需要复杂一点的场景，才会觉得对于某些内容来说更易记，比方说日期。

例如，在关于互联网的演讲中，你可以先从它的起源入手。互联网被认为源自美国国防系统。假如我选择了一条从我家前门开始的路线，我就会想象，门铃变成了巨大的红色报警按钮，巴拉克·奥巴马（Barack Obama）正在按动它。这足以让我想起我对那个防御战略服务的互联网的研究。但怎么记起始年 1969 呢？

在“多米尼克法”里，1969 年的字母代码是 AN 和 SN。我把它们分别转换成瑞典科学家阿尔弗雷德·诺贝尔（Alfred Nobel，诺贝尔奖因他得名）和演员萨姆·尼尔（Sam Neill）。我做的想象是，诺贝尔骑着恐龙来到我家前门给奥巴马颁奖。恐龙是我安排给萨姆·尼尔的道具，因为他主演了《侏罗纪公园》。这些形象和画面足以让我就互联网的起源谈上几分钟。演讲一旦开始，整个思维导图各个条目一一浮现。我紧接着走向下一站，演讲下一个要点。

链条法应用于演讲

我有很多客户，有电视名人，也有商界人士。他们经常来找我学习记忆技术。有一位客户是英国顶级喜剧演员。几年前，他养成了使用自动提词器的习惯，用以帮助自己记得表演中的一个个笑话。提词器上的提词是滚动的，每个笑话由两三个词概括。当讲某个笑话时，下一个笑话的提词会出现在提词器上。起初，使用这种方法毫无问题，那些提示真能帮他把笑话一个个进行下去，而不会让他看起来像是从提词器上念出来的。然而，渐渐地，他对自己的记忆力越来越没有信心了，提词的数量越来越多，不再是一个笑话用一两个词提示，而是笑话中的各元素都要用一两个词。结果他的表演越来越不自然。他用提词器取代了自己的记忆，开始越来越怀疑自己的能力，只能打电话向我求助。

我向他介绍了路径记忆法，而他天生就是使用此方法的料。他是一名喜剧演员，极具创造性的想象力，可以毫不费力地在脑海里把每一段逸事或笑话的元素分离出来，作为形象代码一次一个元素地放置在路线的相关站点。提词想要多少就用多少，因为这些提词都在他的脑子里，表演不会再像念词。

然而，仅使用路径记忆法还不够，他还缺少能提示他从一个笑话转到下一个的方法，于是，他还采用了链条法：当一个笑话即将结束、旅行到了尽头时，他就会看到下一个笑话的画面在等着他。这画面起到了记忆触发的作用。例如，假定他讲的故事发生在一艘河船上，当中有一段笑话有关他的叔叔。那么，在他向大家讲述河船的精妙笑点时，他脑海里浮现出叔叔以他惯有的姿势站在河岸上。叔叔的这一形象起到了提示的作用，使他能毫不犹豫地转入下一个笑话，足以让他开始下一段旅行。

路径记忆法用以记忆故事的元素，链条法串起故事或笑话。两种方法结合使用，他从此不再为表演不流畅、不自然而发愁。

当然，这不仅适用于表演，也适用于较长的演讲或脱口秀。例如，你在培训一批新员工，要在一个上午的时间里提及好几个话题，涉及新工作的方方面面，如公司架构、企业精神、工作职责、电话系统等等。此时，你就可以为每一个话题使用一条旅行线路，话题与话题之间就用链条法，在一条旅行线路走完时，设计一个能够唤起下一个主题的视觉符号。这与喜剧演员的方法如出一辙，该方法的适用范围是无限的。

单口喜剧演员

你看过几回喜剧演员的表演？他们叽里呱啦地跟你讲一通短笑话，还信誓旦旦地说，你一定会记得这些笑话，并讲给朋友听，但接着你一股脑儿全忘了。有了路径记忆法就不同了。请将以下10个笑话各关联一个相关的画面，放置在10站旅程的各站。找个愿意听的朋友，给他来一段单口秀，测试一下链条好不好用！一口气连说五六个为“好”；7个及以上为“极好”。

1. 一个小女孩对她爸爸说，她想要一根魔杖作为圣诞礼物，然后又加了一句：“别忘了装上电池！”

2. 彩票：对数学不好的人征的税！

3. 郊区干的事：砍掉树木，再用树名命名街道！

4. 一个和尚走到一个热狗摊前，说：“给我个热狗，配菜各样都来点！”

5. 金钱会说话。我的钱通常只会说“再见！”

6. 为什么圣诞老人的小帮手（elf）会抑郁呢？因为他自尊心（elf-esteem）很低。

7. 如果你是个每次尝试新东西都会失败的人，那么特技跳伞运动不适合你。

8. 动物试验不是个好主意——动物们会感到紧张，给你的答案可能是错误的！

9. 如果你给奶牛讲了一个非常有趣的笑话，它会笑得从鼻孔里流奶吗？

10. 你知道，当你看到一家购物中心时，你实际已经看到了一家商场！

二十五

记忆冠军的日常：如何成为事件大百科

1993年夏，我成了广播二台的“记忆达人”，巡演全国，接受公众测试，内容是我对近40年热门歌曲的了解。节目每周播出一次，唱片节目主持人（DJ）让路演的一名观众大声喊出他们的出生日期，我的任务是说出那一天英国排行第一的单曲、其歌手或艺人、歌曲霸榜时间以及发行公司。

例如，有人喊出1956年2月23日，我要说出当天的冠军单曲是《你给我的甜蜜回忆》，歌手是迪恩·马丁，4周蝉联第一，Capitol唱片公司发布。

我是怎么做的呢？我给每一年配一条独自的旅行路线，每个月份是旅行路线上的一段，每一首冠军歌曲为一个具体的站点。通常每年大约有20首冠军歌曲，因此我需要40条各20站的路线，它们分布于各月份段。在每一个站，我要为以下5项内容设置场景：周排行榜的发布日期、单曲名称、艺人、蝉联周数和唱片类型。

所以，在记忆迪恩·马丁的单曲时，我是这样做的。这名观众出生于1956年，于是我马上走入那一年的路线，也就是我姐夫家的二楼。他出生在2月，那是走廊。于是，年和月的位置就这样确定了。那位观众的出生日是2月23日，而我知道，这一天落在始于2月21日的排行榜周，2月21

日的人物形象代码是我的朋友朱莉娅（Julia）手拿一把钥匙（21的代码为“一扇门的钥匙”，把一大串钥匙带在身上是茱莉亚的习惯动作）。她站在走廊的亚麻布衣柜的门前，衣柜里有一个巨大的、跳动的大脑，这是个能引发我想起《你给我的甜蜜记忆》的画面。我知道迪恩·马丁的长相，所以画面中，他也在那里，头戴一顶白色的帽子（帽子英文为cap，是Capitol唱片公司的前三个字母），这提示的是Capitol唱片公司。但是，迪恩·马丁不是只干巴巴地站在衣柜旁，他的脚下还踩着一艘帆船，是数字–形状联想法中的4的代码（见108页），表示蝉联排行榜冠军4周。假如一个月内有不止一首冠军单曲，那它们会出现在同一地点的不同地方。但巧的是，迪恩·马丁在1956年2月一直保持着自己的冠军位置。

助记方法

用多米尼克法和路径记忆法记忆事件和日期，可令你在普通的知识竞赛中成为强有力的选手。比如，我已经记住了智力棋盘游戏的全部答案！即便是其他一些简单的助记方法，也在记忆术领域占有一席之地。

英语单词mnemonic源自希腊记忆女神Mnemosyne，它指有助于我们记忆信息的任何方法或工具。路径记忆法、数字－形状法、数字－谐音法，以及你至今所学的所有记忆技巧，都属于记忆术的范畴。它们帮助我们将信息转化为有意义的符号、画面、语汇，使记忆更轻松，回忆更可靠。而一些简单的记忆法对于记忆事件或零碎信息十分有效。下面是我比较喜欢的一种记忆法。

首字母缩写法和首字母口诀法

LOL、BTW、KIT，这些都是人们在即时通信时代常用的缩写。其中，首字母缩写已日常化，在书面语和日常会话里都很常见。比如，开头那 3 个缩写分别意为"laugh out loud（大笑）""by the way（顺便说一句）""keep in touch（保持联系）"。即使你不发短信，你也不可避免地使用诸如 BBC 或 CBS、ADHD 和 PMS 等缩写。首字母缩略词就更易记了，因为它们构成了新单词，有自己的发音。例如，学习原子（atoms）时，你学到了它们是由质子（protons）、电子（electrons）和中子（neutrons）构成的，可缩写为 PEN。

首字母口诀法指的是使用单词首字母编写的有意义的口诀。例如，为了记住七大洲：Europe（欧洲）、Asia（亚洲）、

Africa（非洲）、Australia（澳大利亚）、Antarctica（南极洲）、North America（北美洲）和 South America（南美洲）而编出包含各洲首字母的口诀："Eat An Apple As A Nice Snack.（吃一个苹果当零食）"。

我记七宗罪，即 Anger（愤怒）、Pride（骄傲）、Covetousness（贪婪）、Lust（欲望）、Sloth（懒惰）、Envy（嫉妒）和 Greed（贪婪），用的方法是口诀 A Politically Correct Liberal Seldom Enters Government!（一个政治正确的自由党很少进入政府！）

医学生由于需要记住大量复杂的解剖学术语，所以特别善于使用首字母口诀法。为了记住手腕上的八块小骨 Navicular（舟骨）、Lunate（月骨）、Triquetral（三角骨）、Pisiform（豆形骨）、Multangular（greater）（大多角骨）、Multangular（lesser）（小多角骨）、Capitate（头状骨）和 Hamate（钩骨），我将其编成 Never Lower Tilly's Pants, Mother Might Come Home!（永远不要脱下蒂莉的裤子，妈妈随时可能回家！）

您怎么用首字母口诀法记住 9 位缪斯女神呢？不妨说一下，她们是记忆女神尼莫西妮（Mnemosyne）和众神之王宙斯的 9 个女儿，依次是：

CALLIOPE（史诗女神卡利俄佩）

CLIO（历史女神克里奥）

ERATO（爱情诗女神厄剌托）

THALIA（喜剧女神塔利亚）

EUTERPE（音乐女神欧忒耳佩）

MELPOMENE（悲剧女神墨尔波墨涅）

TERPSICHORE（歌舞女神忒耳普西科瑞）

POLYHYMNIA（颂歌女神波林尼亚）

URANIA（天文女神乌拉尼亚）

你可用“Count Clambering Elephants Thundering Eastward, Mighty Trunks Pointing Up”（意为“清点举鼻子跺脚向东走的大象有几头”），或者变通一下，多加几个字母或音，让它更顺口：“Call Clio ET. You (Eu) Twerp Mel, Turps isn’t Polyurethane!”（喊克利奥外星人，你这个蠢货梅尔，松节油不是聚氨酯！）第二个版本的好处是，里面的音更多地来自人名，这往往有助于你回忆，尤其是在要记的内容中有很多不熟悉的名字或术语时。

比如，我就喜欢把首字母缩略词等记忆法当作“随身”宝典，供我安置事件。

记忆趣闻乐事

以下是20世纪80年代10首英国最热门歌曲，试着记住每首歌位居排行榜首位的年份。这其实做起来比听起来容易。用多米尼克法将年份转换为人物角色，再将歌名关联角色。例如，我给1988年（HH）的角色是摔跤手胡克·霍根（Hulk Hogan），我要把乔治·迈克尔（George Michael）的热门单曲《猴子》和他关联起来，于是我想象，他正与猴子摔跤，而裁判是乔治·迈克尔。

你有10分钟的时间记忆以下内容。完成后，默写下曲目、年代和艺人。每首歌最多得3分，其中年份、标题和艺人各得1分。得18—24分为“好”，得25及以上为“极好”。

1980年，《与你共舞》（*Rock with You*），迈克尔·杰克逊

1981年，《热舞吧》（*Physical*），奥莉维亚·纽顿-约翰

1982年，《虎视眈眈》(*Eye of the Tiger*)，正生存者合唱团

1983年，《避开》（*Beat it*），迈克尔·杰克逊

1984年，《跳跃》（*Jump*），范·海伦

1985年，《天堂》（*Heaven*），布莱恩·亚当斯

1986年，《大锤》（*Sledgehammer*），彼得·加布里埃尔

1987年，《敞开心扉》（*Open Your Heart*），麦当娜

1988年，《猴子》（*Monkey*），乔治·迈克尔

1989年，《永恒的火焰》（*Eternal Flame*），手镯合唱团

二十六

用途：研究与学习

人们获取的信息来自四面八方，对于学生而言，有可能来自课堂中教师的传授，也可能来自书本、寓教于乐的电影或互联网，商用和教师的培训材料、期刊等。无论信息的来源是哪里，它们都必须进入长时记忆，才可能做到在考试时、开会时和授课时随时提取。

我们大多数人接受正规教育的地方是学校，对于在学校里所学的知识记住了多少，各方的估计不尽相同。根据加州威廉·格拉瑟研究所（William Glasser Institute）的研究，人们来自阅读的信息只能保留 10%，来自见闻的为 50%，来自亲身体验的约能保留 80%。这项研究还表明，教别人知识是一项积极的活动，通过教授别人，自己能够记住 95%。

那么这说明什么呢？这首要说明，身临其境、积极参与，记住信息的可能性更大。其次，亲自动手和动用感官感受，比隔着一层的学习方式，比方说阅读，更利于信息的长时储存和提取。而教学活动，因为教学者不仅必须先要自己透彻理解教学内容，而且还不停地重复，使得教学内容不断得以巩固而牢记心中。

对我来说，无论用的方法是什么，有 4 个主要技巧是成功学习必不可少的：

有效吸收知识

做笔记

记忆

复习

高效阅读

其实，无论是为了通过考试，还是为了完成工作任务；是在大学里研究课题，还是为会议展示查找数据，获取信息的方式主要是阅读。你可能会认为，刻意放慢阅读速度，尽量记住每一个细节，可最大限度地提高学习效率。然而，研究表明，事实并非如此。实际上，采用适当的方法，快速阅读更为有效。最好的方法是，在阅读时用手或笔指着读。研究指出，阅读时，指读能显著提高阅读过程中的注意力水平，同时也提高阅读速度。

重点之处做笔记

我建议，你每次阅读时，即便还未读到某个节点，只要时间达到 20 分钟，你就停下来，做一下笔记。找出重点，在纸上一一记下。思维导图特别适用于做笔记。理想的状态是，一边读一边在心中提炼和总结，不回看，因为回看会减慢速度。但是，如果需要的话，回头看也未尝不可。

记忆要点

提炼出要点后，你就可以组织信息，把它们转换为容易记忆的东西。做法同记忆演讲稿时的方式。在思维导图上，对内容要点进行编号，一条条写下来，然后将每个要点视觉化，并将画面放置在相应的旅行路线中。

记忆日期

无论你学的是历史知识，还是文学、经济学或是地理学知识，有效地记忆事件的日期都是极为重要的。比如，你正在学习历史知识，你现在需要记住美国独立战争中的事件日期。战争爆发于 1775 年 4 月 19 日；英美之间的第一场大战是邦克山战役，时间为 1775 年 6 月 17 日；1775 年 11 月 28 日，为抗击英军，美国成立了海军；1776 年 1 月 9 日，托马斯·潘恩的宣传册《常识》出版；然后是 1776 年 7 月 4 日，美国最终宣布独立。

要记住这些日期和事件，需要准备好使用哪条旅行路线，比如你所在的学校路线，然后将每个事件和日期转换为彩色的场景，放置于路线的各站。假设第一站是校门口，需要放置的是战争爆发日 1775 年 4 月 19 日，我会想象，校门口一把发令枪响起，此时正下着大雨（有“四月雨，五月花”的谚语，意为苦尽甘来），我的朋友 Anne（19=AN）打着伞站在雨中。下面，我只需要用多米尼克法记住发生年份就可以了。我想象的画面是，美国前副总统 Al Gore（艾尔·戈尔）（17=AG，Al Gore 的首字母缩写）靠坐在一张舒适的真皮椅子上，全身都湿透了（75=GE，我的朋友 Gerry，他过去常坐在他最喜欢的皮革椅子上看电影，这是此道具的由来）。其他的事件与日期都采用这种方法，连续放在各站点，直至最后一个，在学校大厅，我的朋友 Julie（朱莉）（谐音 July，7 月）与演员 Olympia Dukakis（奥林匹娅·杜卡基斯）（OD=04，代表此月的 4 日）握手。握手发生在一场很正式的演讲舞台上，这提示的是独立宣言。戈尔（Al Gore，AG=17）有着歌手 Gwen Stefanie（格温·史蒂芬妮）（76=GS）的特征，有一头漂染的金发，站在舞台的一边。

及时复习

无论记忆什么内容，都存在一个“遗忘阈值”。此时，记忆如同旋转的杂技盘子开始摇摆不稳。无论是为准备考试而学习，还是要在重要会议上发言，知道该在什么时候、该如何复习所记内容很重要，因为这有助于确保在压力下尽量减少遗忘。前面讲的五步复习法就是我最喜欢的复习方法。当然也有另外的方法。科学家发现,大脑在学习时有几种“效应”，这些效应正是为什么复习对学习和回忆的效果如此重要的原因。

首因效应和近因效应

在不使用任何记忆策略，记忆一个比方说有 20 个项目的列表时，大概率是，前五或前十个项目容易回忆起来，这就是所谓的首因效应。首因效应是学习过程中的注意力模式造成的。一般来说，人们在刚开始记忆时，注意力会更集中，头脑也更清醒。但接下来，大脑开始将一部分注意力用于消化前面的信息，导致用于下一波信息的注意力减少了，致使学习效率出现下降情况。

当发觉内容即将结束时，注意力水平会再次上升，因为此时大脑预见到识记活动即将结束而被唤醒。这被称为近因效应。

近因效应可多方面影响记忆水平和回忆效果。例如，它会显著影响你对自己日常生活的印象。想象一下，你像往常一样，这一天工作成效显著，下班后穿城回家，遇到 10 个交通灯，前 7 个是绿色的，畅通无阻，但最后 3 个是红灯，不得不停车等待。回到家后，家人问起你下班路上顺不顺、一天过得好不好，你首先会想起的是最近的记忆：遭遇红灯，车开不快。一般情况下，你会觉得这天过得不顺。其实，这不是真实情况，而是近因给你带来的主观感受。

注意力水平随时间变化的曲线图显示，由于首因效应和近因效应，注意力水平曲线的中央有显著凹陷（见第 214 页图表），这时的回忆水平下降到大约 25%。然而，有些演讲者使用的方法能确保凹陷最小化，做到重要信息不遗漏。首要方法就是重复，回想一下你在广播或电视上听到过的广告，你是不是反复听到某产品的名称？有多频繁？通常即便在 30 秒的时间内，产品名称也会多次出现，因为人的大脑会更倾向于记住重复听到或读到的内容。

另一个广为使用的方法是在演讲中加些幽默或另类的内

容。节奏与内容的新奇变化会给大脑一些冲击，唤醒脑细胞使其保持清醒。冯·雷斯托夫效应（见第 82—84 页）就是此类冲击，它是另一个有助于保障课堂或讲座中学习效果最大化的技巧。

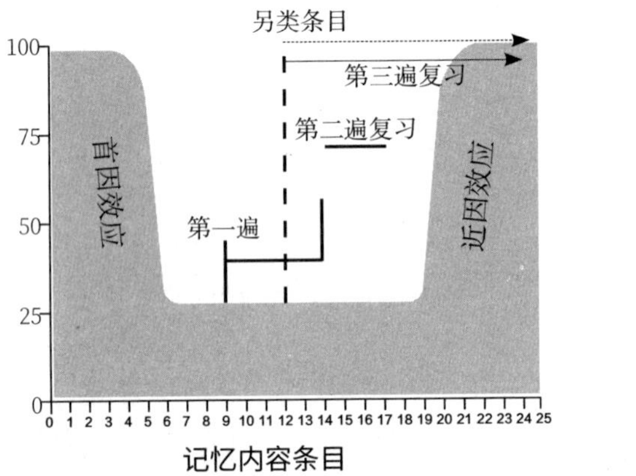

此图显示的是，人们在接受信息时注意力水平的变化。相比中间内容，人们更容易记得排在前面的（首因效应）和排在后面的（近因效应）。原因是，由于大脑忙于消化前面的内容，所以对后面的内容专注程度降低。重复一遍信息（或条目）就可增强一遍记忆；与众不同的信息易“唤醒”大脑，因而更易记。

这些方法当然都很好，但它对通过阅读的学习帮助不大。通过阅读学习时，经常停顿很重要。把时间分散成 6 个 20

分钟，比集中学习两个小时要好得多。道理很明显，这种方式可避免首因效应和近因效应给记忆力带来的负面影响。

经验表明，学习20分钟，然后休息四五分钟，可使首因效应和近因效应最小化。休息期间，无论做什么，所学内容在记忆中都会有一系列的再现，巩固并加深记忆。

复习、复习、再复习

无论学习的内容和目的是什么，学习、提炼并记忆之后，进行有效的复习才能确保牢记。1885年，德国心理学家赫尔曼·艾宾浩斯首先描述了“遗忘曲线”，该曲线绘制了大脑在学习了新内容之后对之前学习的内容丢失的速率。曲线显示，最初的两个小时记忆丢失最快。实际上，这就是说，学习过程中，你必须时不时地复习，不断地令记忆保鲜，否则前面的内容有忘干净的可能，需要重新学习。只要定时复习，所学内容就会深入记忆，长时间保持不忘。

如何有效地复习

从阅读中获取知识，如果我们感到前面没有读通，可以很方便地重新翻看前面的内容。但如果这是讲座或会议，或是工作培训课或考试，那又该怎么复习呢？艾宾浩斯发现，听讲内容在活动结束后立刻复习，我们可以保留记忆内容的80%以上。因此，讲座无论长短，只要结束后接着就复习一遍就好，此为第一遍复习。艾宾浩斯认为，要想持久记忆，这第一遍复习之后，要在一天后进行第二遍复习，一周后进行第三遍复习，一个月后进行第四遍复习；如果内容特别复杂，三到六个月后再进行第五遍、也是最后一遍复习。艾宾浩斯称之为“分散学习效应”。他指出，“分散复习多遍远优于集中复习一遍。”

我做学生时

记得上学时，在考试前的那几周，我不得不临时抱佛脚，几乎等于将几个月前所教的内容重学一遍，因为差不多完全忘记了。除此之外，还有不少其他知识要记，最后时刻只能靠死记硬背。今天我看到许多学生也是如此。我尤其记得，我当时一遍遍背诵西班牙语单词，压力特别大，就希望这些单词能坚持到我考西班牙语口语和词汇测试的那一天。直到现在我才明白，复习应该是一个持续的过程。

当然，我明白得太晚，已经无力改变我的成绩了！要想学习突出，学生不应抱有“还有最后一刻可以弥补”的幻想，而应采用恰当的复习模式来补足学习缺失。这就是为什么我愿费尽口舌教给你我的这些复习策略，因为这样你就可以将它们应用到自己的学习中，获得惊人的记忆效果。

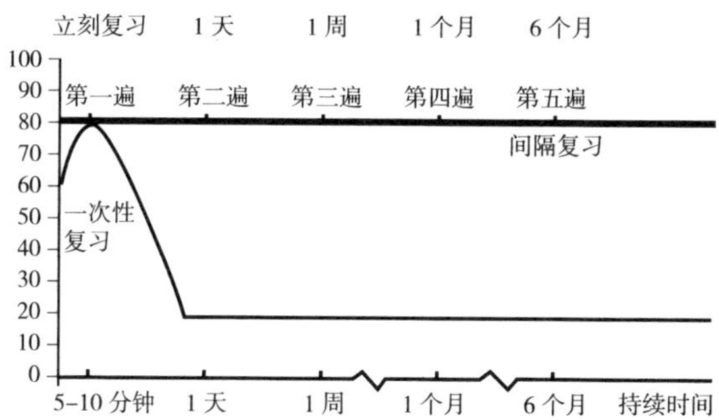

此为分别采取间隔性复习策略和一次性复习策略的效果对比图。学习后立即进行一遍复习会令记忆从60%跃升至80%。然而，如果我们止步于此，不再复习，记忆率则在24小时内骤降至20%，之后始终保持这一比例，最初学过的知识只能重新学习。然而，如果我们采取了间隔复习策略，先立即复习，接着在1天后、1周后、1个月和6个月后分别再复习，记忆率可以保持在80%。这就是艾宾浩斯所说的“分散学习效应”。

以上为分散学习效应的图示。通过间隔开复习时间，越往后，间隔时间越长，记忆保持率将可高达 80%。以后再需要调用信息时，你就不用重新学习了，因为它已经深印入长期记忆中了。

二十七

用途：日常锻炼记忆力

如果你想学习记扑克牌，或者想学会多米尼克法使用大量的人物角色和动作，你需要指定时间进行练习。然而，在掌握多米尼克法后，各种日常生活场景也是练习记忆力的极佳机会，既可训练记忆还对实际生活有帮助。所以，别拖延了，行动起来吧，把前述方法都用上，改善记忆力，提高日常办事的效率。

例如，下次去购物时，尝试不写清单，把要买的东西记在脑子里。购物清单类特别适合使用路径记忆法。旅行路线的选择以该旅行路线不易与购物清单的内容混淆为原则。例如，把家作为旅行路线就不太合适，因为清单上的许多物品往往是家中的生活必需品，若以家为旅行路线，则画面会冲突。我认为，用平时喜欢的散步路线就很好，我个人喜欢高尔夫球场。现在我们将清单上的每个项目转换成代码，置于旅程中。假如旅行路线的第一站是公共人行道的入口阶梯，而你清单上的第一项是一袋西红柿，那就可以想象，阶梯上布满了藤，藤上挂着水灵灵的鲜红的成熟西红柿。你俯身而下，欲抓起挡住去路的那一串挪到别处好上台阶，此时西红柿的清香扑鼻而来。再比方说，旅行路线的下一站是一座桥，而你要买的是牛油果。我会想象，桥面抹上了滑溜溜的绿色牛油果肉，特别难走。购物时，你只需要在脑海里走过这条路线，浮现那些画面，想买的物品自然一个不落地买回家。

你经常旅行吗？我觉得旅途中最恼人的，是抵达机场后要找笔记下停车的位置。花在这上面的时间本可以用来寻找公共汽车站的位置，抓紧上车去航站楼赶飞机。其实，只要懂点记忆方法，就用不着如此！例如，上一次坐飞机时，我把车停在了停车场的 C 区第 8 排。北约音标字母里，Charlie 代表 C（Alpha、Bravo、Charlie、Delta、Echo 等等），所以 C 区变成了我朋友 Charlie 的形象；8 形同雪人，所以当我坐上大巴时，我想象 Charlie 在公共汽车站堆雪人。因为那次我是去休假，天气暑热难当，雪人于此景显得很突兀，画面很有冲击力，特别有助于记忆。

办理登机手续后，我被告知航班在 34 号登机口。我为这个数字想象的画面是，一个曾经在音乐商店工作的朋友盖伊（Guy）跑向登机口赶飞机。多米尼克法中，3 和 4 分别对应字母表中排第三位和第四位的 C 和 D。盖伊以前在商店里卖 CD 多年，他的形象多年来一直都代表 34 这个数字。

尽管这些用于生活场景的小方法不可与用以记牌的方法相提并论，但经常把这些小技巧运用于日常生活场景，可让大脑不断活动，受到记忆训练。

心记工作日程法

另一个练习记忆技能的相当不错的方法是心记工作日程。大多数时候，我的工作日程安排都是记在心里的，不用纸笔。

我使用的是多米尼克法。假设我接到邀请，于本月 22 日做演讲，多米尼克法中，数字 22 的字母代码是 BB，在我心中的形象是一个婴儿。所以，一听到 22，我的脑海立刻浮现婴儿的形象。若约定的时间是上午 11 点，11 的字母代码为 AA，人物形象代理人是网球运动员 Andre Agassi（安德烈 · 阿加西），因此我的脑海浮现出他抱着孩子的样子。如果这一天在之前另有约定，会有其他人抱孩子的画面浮现，所以我马上就会知道，要不要接受这个邀请。

请谨记，数字的字母代码因人而异。我给 22 的人物代码是婴孩，但我的学生用过鲍里斯 · 贝克尔（Boris Becker，网球冠军）、兔八哥（Bugs Bunny）、比尔博 · 巴金斯（Bilbo Baggins，《魔戒》《霍比特人》中的人物）、芭芭拉 · 布什（Barbara Bush），还有一个学生用的是他的一位名字首字母缩写为 BB 的家人或朋友。要想让多米尼克记忆法发挥正常作用，人物形象代码都必须是自己设定的。

这个例子中的日期是在本月。但如果日期不在本月，我还需要记月份，怎么办呢？我的方法是，把一年想象成一座山，各个月份在山的不同坡度上。1 月位于左侧底部，然后向上至 2 月中，继续向上是各春季月份；7 月、8 月这两个夏季月份，山头较平缓；然后从 9 月开始，陡然下降，直至 12 月。基本上，月份的变化都在山上，在我脑海中的轮廓非常清晰，可精确定位，我实实在在看得到它们。然而，虽然我个人觉得山非常好用，但我跟学员和客户交流过，他们看到的却是千差万别，有些是台阶，有些是旋转木马。还有一些人根本没有视觉想象，对他们来说，用季节或其他的联想可能更有用。比如，圣诞老人代表 12 月。详见下文。

我还“看”得到一周的 7 天。把一周想象为儿童游戏场的滑梯，星期天是滑梯的顶端，向下一路滑到星期五，星期六是回到星期天的梯子。用滑梯定位一周非常精准，就如用山定位月份一样，例如周三在滑梯的半中腰。当然，这因人而异，对你可能有用，也可能没用。这类视觉形象要自己去找，它可以是滑梯，可以是小山，也可以是环岛。如果这套我擅用的视觉方法你觉得不好用，那就尝试一下以下的方法吧。

•词－音联想法

假设你收到邀请，将于3月28日星期三参加生日宴会。我会使用多米尼克记忆法将28转换为BH。你大概会想象传奇歌手Buddy Holly（巴迪·霍利）手拿吉他，一边演唱着自己的一首流行歌曲，一边向前行进（marching）（March，名词意为“3月”，动词意为“行进”）。“向前（forward）”这个意象来自于星期三，因为星期三是一周的第四天（the fourth day），fourth与forward有相近发音。

•图片－钥匙联想法

给每个月一幅图片用作钥匙也是很有效的方法。比如，为了提醒自己不忘记女儿将在12月21日举办的学校圣诞晚会上表演节目，可想象演员Ben Affleck（本·阿弗莱克）（21=BA）扮成圣诞老人的样子出现在学校。此时的12月不再用一段山坡表示，而用圣诞老人的形象。如果你还需要记住那天是星期四，你可以再添一个圣诞老人被闪电击中的画面，这是因为星期四在我心中的意象是北欧的雷神Thor（托尔），Thursday（星期四）这个名称就是由此而来的。

顺便说一句，活动开始的时间我用的是 24 小时制以及多米尼克记忆法。所以，假设活动在下午 3 点 30 分开始，我将其转换为 1530，根据多米尼克法，我将其分成两组，字母代码分别为 AE（15 的字母代码）和 CO（30 的字母代码）。我用的是复合意象法，AE 为 Albert Einstein（阿尔伯特·爱因斯坦），CO 为主持人 Conan O' brien（柯南·奥布莱恩）。我想象的画面是，爱因斯坦在我女儿学校的舞台上主持一个聊天节目。

下方是我使用的一年当中 12 个月和一周当中 7 天的图片 - 钥匙联想，列表如下：

一年中的月份：

一月（January）	詹尼·杰恩（Jenny Jan）
二月（February）	披头士四人组（Fab Four，也被称为 The Beatles）
三月（March）	行军中的战士（Marching soldiers）
四月（April）	雨或伞（April showers，四月雨）
五月（May）	五朔节花柱（Maypole）

六月（June）	一个名叫琼的女孩（June）或沙丘（sand-dune）
七月（July）	演员朱丽·沃特斯（Julie Waters）
八月（August）	狮子（取自狮子座 Leo）
九月（September）	树叶飘落（秋季）
十月（October）	章鱼（Octopus）
十一月（November）	见习牧师（Novice priest）或一本书（novel，小说）
十二月（December）	圣诞老人，英国电视节目主持人德科兰·唐纳利（Declan Donnelly）

一周中的 7 天

星期日（Sunday）	太阳（Sun），星期天报（Sunday newspapers）
星期一（Monday）	钱（Money）
星期二（Tuesday）	双胞胎（Twins，谐音 twos）
星期三（Wednesday）	婚礼中的新娘（wedding，婚礼）
星期四（Thursday）	雷（Thunder），雷神托尔（Thor）
星期五（Friday）	煎蛋（Fried egg）

星期六（Saturday）	土星环（Saturn'srings）

准备好了用以记忆日程的这些工具，那就试试下一页的练习吧。

心记工作日程

运用想象力，记住以下内容。我们首先只记忆日期和事件。完毕后，只看日期栏，测试自己能否想起该日期发生的事件。熟练后，重做此练习，记忆后面两栏，即事件是在星期几发生的，什么时间发生的。完成后，遮盖其他内容，只让自己看到日期，测试自己能回忆起多少。事件、星期几、时间各算1分，最多得3分。得7—10分为“好”，11—15为“非常好”。因为日程很少有时间顺序，下面的日程没有时间先后顺序。

日期	事件	星期几	时间
10 月 16 日	参观达利艺术展	星期三	下午 7 点
5 月 31 日	见银行经理	星期五	下午 3 点
8 月 8 日	去剧院看剧	星期六	下午 7 点半
4 月 22 日	牙医诊所就诊	星期三	下午 4 点 15 分
3 月 13 日	眼科诊所就诊	星期一	上午 9 点 20 分

再来一个额外测试，盖住以上内容，回答以下问题：

5月31日你和谁约好了见面？什么时间？

参观达利艺术展是哪天？星期几？什么时间？

8月8日发生了什么事？

和牙医预约的是哪天？星期几？什么时间？

检查视力是在哪天？星期几？什么时间？

如何跟随对话

小时候，我被诊断为患有阅读障碍，但准确地说，我认为，我患的应该是注意力缺失症。我无法把注意力集中于老师所教的内容上，只见老师的嘴巴在动，知道他们在说话，但注意力永远都在想象世界的某个角落，就是不在教室里。你上学时的情况可能和我不同，但我相信，世上几乎没有人敢说，他们在会议、演讲或看一部特别无聊的剧、演出或音乐会时思想从未开过小差。

我甚至在与朋友和家人说话时也无法集中注意力。这说出来多少令我有些难堪，但那确实是事实。我有个外号，叫作“梦游多米”，一直被叫到青少年时期结束。我很难解释为什么会这样，可就是不由自主，意识不到思绪已经飘远，这一切就是不自觉地发生了，再怎么努力想将思绪拉回现实也无济于事，它照样云游天外。所以说，在任何情况下能保持谈话不掉线是一个特别好的技能，政治家和律师缺了它干不好工作，我们其他人缺少了它会失去最起码的礼貌。那么，谈话时努力保持注意力也是日常练习记忆技能的好方法。

多年的科学研究表明，注意力缺失症患者相较于非注意力缺失症患者，其大脑前额叶的电活动较低，大脑皮层的血流较缓慢，被认为是注意力缺失症患者难以集中注意力的原因。

今天，医生会为患有注意力缺失症的儿童开一些兴奋剂以控制症状，目的是加速大脑的活动，所用剂量控制在足以促进注意力水平和专注力，但又不至于引发异常行为的程度。

这种药物并非起治疗作用，它仅可缓解注意力缺失症患者的症状。但在当年并没有这类药物，所以我坚信，我克服这些症状依靠的正是自己进行的记忆训练。如今，我已经能够倾听别人谈话，哪怕其无比沉闷，也能记得住谈话的内容。当然我确实也有注意力脱离谈话的时候，这是任何人都会有的，区别在于，现在的我在此事上有选择的主动权。换句话说，我可能注意力不在谈话上，但那是因为我不想听了，而不是出于不由自主。

我有两个变化。第一个是，我的注意力专注了，我认为这是记忆训练的结果。第二个是，我运用记忆技巧，注意力可以跟着谈话走了。我是怎么做到的呢？

当倾听别人说话时，我尝试分割谈话内容，将每一段转换成意象，然后按顺序把意象锚定。我觉得，对于简短的谈话，数字－形状联想法效果最好（一会儿你就能体会到），对于会议或较长的谈话，我更喜欢用路径记忆法。如果谈话中说起了数字、事件和人物，可用本书介绍的任何助记方法记忆，包括多米尼克法。

数字－形状联想法举例如下。假设我的助理来电话，提醒我与客户约了开会，那么不依赖纸笔，只心记，我会将她给我的各条信息进行数字编号，这些编号数字通过数字－形状联想法变成了对应的物体形象，既标记了信息的顺序位置，又可和信息联想图像相关联。我基本上是把数字的形状代码用作挂钩，按顺序往上挂信息。下面是一个示例：

1. 助理："你好，多米尼克，我刚确认，你今晚住的酒店是位于伯里街（Bury Street）的维多利亚酒店。"

我想象维多利亚女王手举一根蜡烛站在某个露天坟墓旁。我的数字形状联想法中，蜡烛代表 1，而露天坟墓显然有助于我记住 Bury 街（Bury 意为"埋葬"）的名字。

2. 助理："你到那儿时，向接待处提客户泰勒（Taylor）先生的名字。他会带你去吃午饭，讨论合同问题。"

我会想象，一只天鹅（我的数字－形状法中，2 为天鹅）脖子上缠着卷尺。我总是把泰勒（Taylor）这个名字和卷尺关联，因为 Taylor 形似"裁缝"那个词 tailor，裁缝常会用卷尺。

3. 助理："告诉您一件事，泰勒先生很热衷于碟形飞靶射击，他最喜欢的餐馆是椰林餐馆，你们会在那儿用餐。"

我想象的画面是，客户戴着手铐（我的数字－形状法中，3 为手铐），我正从空中投射椰子。

4. 助理："一旦您和泰勒先生商定了价格，请您向 3512 发送短信。"

我想象自己身处一艘帆船（数字－形状法中，4 为帆船），旁边是演员兼导演克林特·伊斯特伍德（Clint Eastwood）（35=CE）挥舞着长剑。舞剑是安东尼奥·班德拉斯（Antonio Banderas）（12=AB）主演的电影《佐罗的面具》中佐罗的招牌动作。克林特·伊斯特伍德配了佐罗的动作。

我能瞬间在脑海中构建这些形象，归功于反复的练习。你下一次与别人谈话时，可尝试心记所谈要点。当你条理分明、一条不落地重述谈话内容时，你一定会给对方留下极其深刻的印象，并且还挤时间练习了记忆术。

二十八

用途：日常娱乐

我们之前所讲的都是一些关于记忆训练的正经用途，如增强自信、提高自尊、提升创造力水平，以及如何运用这些记忆技巧让日常生活变轻松。但其实，拥有惊人的记忆力可不只有这些好处，它还有娱乐的一面。你可在朋友的聚会上表演个小把戏，既让自己小露了一手，又多练习了一回。我经常参加一些活动和聚会，常会被推到台前表演一些记忆技巧，让众人发出一片“哇”的惊叹。这一章就讲几个我最喜欢的记忆小技巧，不为别的，只为好玩。

随便挑张牌——任意挑

聚会上最常玩的游戏就是扑克牌。你需要事先用“路径记忆法”记住一副牌，而且千万别邀请观众洗牌。为避免万一有好事者非要给你洗，你就需要准备些俏皮话应付过去。然后，你从口袋里拿出这副牌，面朝下扇形展开，然后请某个观众从中随机抽取一张，在他们抽牌时，瞄一眼该张牌上面的那张。比方说，你看到的是梅花 Q。这时，锁定该旅程中梅花 Q 的代理人物形象，再向后继续走一站，就知道抽走的是哪张牌了，可直接报出牌名。

把这个练熟之后，可以尝试变换花样，允许观众切牌。

记住，是切牌，不是洗牌！瞥一眼最下面的牌，对观众说，你知道最上面那张牌是什么。此时观众的胃口已被吊起，当你宣布出来，再另找一名观众将牌翻开时，你一定会收获大家钦佩的目光。理论上，你可以从该张牌起，一张接一张地按顺序背下去，及至背完整副牌。你需要做的只是以新的顶牌为起点开始旅行，而不是从原顶牌开始。如果你想做得更令人信服，游戏开始时，可以允许观众多次切牌，只要你留心底牌，且能保证每一次切牌顺序未变，你就可以一直背下去。

另一个纸牌游戏是从一副牌中找出缺失的牌。如前所述，事先记好牌，表演时你转过身去，让观众从这副牌中抽出一张，放进衣袋，不让你看到，其他牌原封不动。转回身，让该观众慢慢地一张张翻开，依次摆在一起。此时，对方在翻牌，你在脑海中旅行，当对方翻到缺掉的那张牌时，你已经知道那张牌是什么了，因为你会期待这张牌出现在旅行的下一站，而事实是旅行跳过了一站。为了留个悬念，你可以等牌翻完时，再报答案。

读书天才游戏

大家总是期待看我表演记牌或记人，但我还很喜欢表演一个大家平时不常看到的聚会用游戏，那就是记一整本书的内容。

首先，我请主人给我一本 100 页左右的书。我拿着书，一页一页地翻，五六分钟后，我把书交给一位客人保管，声称自己已经全部读完，并记住了其中的内容，请那位客人一个小时后携书前来，把那些想看我表演记忆力的人也请过来。然后，我请客人从书中随机选取一页，读出前几行内容。接下来，我向急切的观众说出这几行出自哪一页。

我是怎么做到的呢？我的方法是，拿到书后，一页一页地翻看，从每一页的第一行找到一个词，记住它。我快速浏览每一页的第一行，挑出容易形象化的一个词，使用路径记忆法，将它安置到站点。旅行的站点数量要与书页相当，一条旅行路线不够用就用多条。要成功玩此游戏，书的第一页必须对应于旅程的第一站，第二页对应第二站，依此类推。只有这样，我才能通过此形象的位置序号确定页码位置。此书交由客人保管期间是我复习的时间，我会在此期间快速地过一遍关键词及其相应画面，这样我就有了足够的把握。

当然，要想完美表演此把戏，你必须对整个旅程以及对各个主要站点与其他站点的位置关系烂熟于心、倒背如流。如果需要接连使用两条各有 50 站的旅行路线以达到 100 个站点，你必须可以做到非常熟练地将第二条旅行路线的 50 个站点转换成书的后 50 页。

不过，不是每个站点的序号都要记住，你只需要关心关键站点。以我常用的一条路线为例，第1、第5、第11、第 13、第 15、第 21 和第 26 个站点是我能瞬时反应出位置序号的。把第 1、第 5 和第 15 站作为标记站合乎情理，把第 11 站当作标记站是因为它有两个 1，看起来像栏杆，13 是因为它是一个“不吉利”的数，21 是“门的钥匙”，它们都是深入我脑海、可以不假思索闪现的站。26 是一副牌的中间点，也适合充当标记站。正是有这些标记站的帮助，我可以正向或反向走到我需要的页码。

例如，我记书最喜欢用的旅行路线是我小时候住过的一个村庄。这条路线开始于我家的老房子，穿过一片长满欧石南的花地，再到一个乡村客栈，然后通向一个板球场，最后进入村公所的大厅。这条路线总共有 100 站，当客人随机选了一页读出第一行时，因为其中有“小提琴”一词，是当选的那个形象词，所以此时，小提琴的画面浮现在脑海。假设画面是一把小提琴靠立于一棵橡树旁，橡树站距离前方的板球场站不远，中间隔了一站，而板球场站是我旅行的第 21 站。因此，从板球场往回走两站，也就是第 19 站。这样，我就知道，小提琴这行位于 19 页。我是从最近的坐标处后退两站，而不是从旅行起点向前走 19 站。瞧！越快说出答案，越令人印象深刻。

一旦你真正熟练地掌握了这个方法，就可以在旅程的每站放置两个画面，这样你就能记住厚度翻倍的书了。但是，一定要记住谁在前谁在后。所以，如果两张连页的关键词分别是“汤”和“青蛙”，我就想象汤倒向青蛙；但如果“青蛙”在先，“汤”在后，我会想象青蛙跳进汤里。两张相邻页面中的前一个词语总是动作的发出者，后一个总是动作的承受者。虽然这听起来很复杂，但我没花多长时间就掌握了。我只需要把路线安排好，把代表两页的两幅画面放置在一个站点，再做个简单的数学计算就行了。

我还可以做一个更令人叫绝的表演，就是和观众的角色反转，由观众说出页码，我报出该页的内容。这种方式耗时更多，因为我每一页都需要阅读更多的文本从而了解大致的内容，如此对整页有了简要的概观之后，就能将其转码为场景放置在途中。当报出页码时，我就可以说出该页的主要内容了。

要达到顺滑的程度是需要一些练习的，但我向你保证，表演效果一定惊人，你绝对会觉得很值。所以，现在就找本小说，先从记前 30 页开始训练吧，熟练之后逐步过渡到记忆整本书。

二十九

年岁增长
不代表
记忆力衰退

我第一次参加世界记忆锦标赛是在1991年，那年我34岁。我今年54岁，但我敢说我现在的记忆力远强于20年前。我的许多同龄人都在抱怨记忆力开始退化，而我很确定，我没有这样的感觉。我认为，这是我一直以来使用记忆术的结果。这些年来，无论是做教学工作，还是培训、表演或比赛，练习记忆技巧始终未断过，这让我的回忆能力和专注力保持着相当好的状态。事实上，我甚至可以说，我的记忆力还在提高。

所以，如果你想知道，人的认知能力是不是会随着年龄的增长而衰退，我会很清楚地告诉你，就我而言，这是无稽之谈。在我看来，记忆力衰退与缺乏动力有关，比如生活乏味或感到抑郁。焦虑和健康状况不佳也是相关因素，但衰退绝非是大脑本身器质性的变化。

自1986年以来，流行病学家大卫·斯诺登（David Snowden）一直在追踪明尼苏达州678名老年修女的生命衰老对心理健康的影响。志愿者年龄在75岁到104岁之间，因为她们都有相同的生活条件，所以是一个理想的研究群体。

斯诺登发现，健康的饮食关乎能否健康地衰老及长寿，这一点或许并不奇怪。他还发现，对生活持积极态度的修女患与年龄相关的精神障碍的风险较低。然而，斯诺登最引人注目的发现是，人有一颗充满好奇的脑袋可使患阿尔茨海默病的概率降低。尤其是那些从小就能够阅读和写作，并且口头和书面表达都很好的修女，寿命更长，更不容易患痴呆症。经常进行脑力和体力锻炼、积极阅读、参与社区活动都对降低痴呆有显著作用。

大脑和身体一样，如要保持健康，良好、健康的生活方式是其保证。体育锻炼、均衡的营养、智力刺激和适时放松都在保持一颗灵活的头脑上发挥着作用。

大脑需要氧气

没有氧气，大脑无法运转，一个人的血液循环必须处于良好状态。促进血液循环的最佳方式是体育锻炼，它能令大脑得到充分的氧气供应。无数的研究表明，锻炼可以改善大脑功能。而且，我个人的体验是，参加世界记忆锦标赛时，如果我的身体当时很健康，我的专注力水平就高，就有更多的精力经受 3 天耗费心力的对大脑的挑战。所以，虽说本书所讲的记忆技巧付诸实践后可以大大提高你的记忆效率，但如若你再加以体育锻炼，对于提高记忆力就会锦上添花。记忆技巧好比增强大脑功能的软件，而良好的身体状态是硬件，硬件过硬，软件才能正常工作。

我平时的锻炼活动可不是举重之类，那不是适合我的项目。我的锻炼方式一般是每周在高尔夫球场上走上几公里，再加上每天遛遛狗。但若有比赛要参加，每日进行赛前训练时，我选择跑步。从短期来看，跑步可以调节呼吸，确保大脑和肌肉获得充足的氧气，同时释放令人感觉良好的荷尔蒙（内啡肽），有助于让我保持放松状态（见下文）和积极情绪。一些研究表明，从长远来看，各种令你达到微喘的有氧运动，包括跑步，都有助于滋养大脑细胞。此外，2010 年在剑桥大学进行的一项关于老鼠的研究得出结论，跑步可能会促进形成新的脑细胞，增加大脑体积，特别是在海马区，而海马区是和记忆与学习相关的区域。

在我为比赛进行集训期间，我常吃的是能量充足的轻早餐，比如一小碗粥。然后，我跑 30 分钟，每周跑三到四次。跑步时我会计时，监控健康指标。我觉得，跑得越快，身体状况越好。

贡特・卡斯滕（Gunther Karsten）博士是德国记忆锦标赛冠军，也是世界记忆锦标赛冠军，他非常重视体能训练，将其视作大脑训练体系的一部分。他说，“我 70% 的时间在做记忆训练，另外 30% 是身体训练。”这位记忆大师会做各项运动以保持身体和大脑的健康。他骑车、打网球、踢足球、做仰卧起坐和引体向上、举重、跑步，等等。

当然，你不必做那么多，但为了保持记忆力，最好找到一种适合自己的锻炼方式，然后每天坚持做。一般来说，最开始可以一周进行两到三次、一次 20—30 分钟的运动。这时，你心率加快，微微喘息。如果再加大些锻炼，则整个人都会受益匪浅，包括大脑。

大脑需要冷静

想想看，压力大时你的头有什么感觉？我会有要疯了的感觉，事情左一件、右一件等待着处理，脑子一团糨糊。再想想，此时若要参加一场记忆比赛将会是什么光景。我绝不允许这样的事情发生！压力对大脑功能（特别是记忆）的影响有各种科学解释。压力激素，特别是皮质醇，又称氢化可的松，会抑制新的脑细胞的生长。大脑海马区是关乎记忆的区域，是少数几个能够形成新细胞的大脑区域之一，因此，压力对识记能力和回想能力有直接影响。

有几种方法可减轻压力对身体的影响。第一种，也是我认为最重要的一种方法，是经常进行体育锻炼（参见上文）。体育活动可减少压力激素的产生并且释放出功能强大的、可提高情绪的内啡肽。内啡肽是一种能令人感觉良好的物质，它让我头脑清醒，信心十足。而我的人生经历说明，信心特别重要，它可支撑一个人走上通往成功的道路。而且在当今如此高级别的记忆锦标赛竞争中，你当天的自信程度常常会决定你会得冠军还是亚军。我用的另一个减压方法是使用路径记忆法放松，虽然此逻辑看似犯了循环论证的谬误，但我认为，任何活动，如能充分调动大脑，并促进大脑远离常常引发压力的、不断扰乱内心的杂念，就是能令头脑冷静的好方法。对我来说，使用路径记忆法记忆几副牌就是这样的好方法。

最后，我还有一个很喜欢的放松方法，那就是音乐。我会弹钢琴，家里有一个迷你的录音室，我既写曲，也自己录曲。

大脑需要优质食物

你吃的食物为大脑提供必需的营养，使神经元保持放电，从而彼此之间有效地交流。大脑需要的主要营养素是欧

米茄 – 3 和欧米茄 – 6 脂肪酸，以及 B 族维生素、胆碱和维生素 C。欧米茄 – 3 和欧米茄 – 6 脂肪酸是所谓的必需脂肪，只能来源于食物；B 族维生素、胆碱和维生素 C 共同帮助身体产生神经递质乙酰胆碱。研究表明，阿尔茨海默病患者的乙酰胆碱生产机能常是受损的，表明这种化合物与记忆力有着密切的关系。

鸡蛋、家禽、牛油果、亚麻籽和南瓜子富含欧米茄 –6 脂肪酸，而多脂肪鱼类，如金枪鱼，以及大多数坚果油则可提供大量的欧米茄 –3。我一般一周吃两三次多脂鱼作为午餐，搭配沙拉，零食则吃一些坚果和种子。我不吃巧克力或薯片，因为它们都含有高饱和脂肪，是不健康的脂肪类型，被认为常食会降低动机和智力。多脂鱼类和鸡蛋还富含胆碱，其他优质食物还有花菜、杏仁和大豆。

B 族维生素，尤其是 B1、B5 和 B12，似乎可以改善大脑的整体功能，包括记忆力。缺乏 B 族维生素也会导致情绪低落、焦虑和抑郁。富含各种水果和蔬菜的饮食以及金枪鱼、火鸡、巴西坚果和鹰嘴豆等豆类可提供你所需的所有 B 族维生素。然而，你也可以像我一样服用复合维生素 B 补充剂，购买你能负担得起的最好的品牌，按照制造商的剂量服用。

水果和蔬菜在健康饮食中还扮演着另一个重要角色。食物在参与人体新陈代谢以提供能量时，会经历氧化，从而产生自由基。这些作为副产品的自由基破坏身体细胞，可导致衰老和一些严重疾病，如癌症、脑细胞损害。然而，我们身边就有帮手：有些食物富含抗氧化剂，尤其是维生素 A、C、E(我用红桃 ACE 来帮助记忆这三种维生素)和矿物质锌、硒，它们可中和自由基。另外，黑莓、蓝莓、西兰花、李子、梅子干、葡萄干、树莓、菠菜和草莓都是很好的抗氧化剂食物来源，里面有很多都是我非常喜欢吃的！

保护神经元的草药

我非常推崇银杏双黄酮。研究表明，这是一种可以改善大脑循环的植物提取物。银杏是一种血管扩张剂，它可以扩张血管，让血液更自由地流过身体的循环系统，并抑制使血液变稠的化学物质，再次改善血液流动。如果流向大脑的血流量得到改善，更多的氧气和基本营养物质就会被输送到那里，从而让大脑得到更有效的营养。银杏也是一种强大的抗氧化剂，有助于消除破坏人体细胞并导致衰老的自由基。银杏双黄酮有胶囊，也有片剂。我更喜欢胶囊，会拣市场上质量最好的买。

大脑需要饮食有度

我不是要扫大家的兴，但我确实认为，保持大脑状态良好需要饮食适度。例如，酒精对于大脑是个淘气的敌人，经常过量饮酒会抑制海马体的功能，也就是说，一个人的记忆功能会遭受酒精的直接影响。不参加记忆赛时，我会喝一两杯白葡萄酒，但在比赛集训期，即比赛前至少两个月，我完全戒酒。

大脑需要常动

无论是在哪个年龄段，大脑要想发挥最佳功能，都需要经常性的刺激。这不只是对我们这些二十几、三十几、四十几以及年岁更大的人如此，对孩子来说也是如此。我父母总是为我挑选利于开发探究和发现精神的玩具，他们非常看重拓展思维的活动，而不是纯娱乐的游戏。装配玩具、乐高、拼图、彩笔、橡皮泥、化学套装，以及扑克牌（这不意外）都是能激发创造力的游戏，它们能让我玩上数小时而乐此不疲。

记得我 6 岁那年，看到商店橱窗里有一个亮闪闪的彩色的上发条玩具。我向母亲要，可她没有给我买，但她认真地给我解释了原因。她对我说，这种玩具就是上好发条，它自己动到停下来，玩几次就腻了。她说得没错，我是知道的，我也更喜欢那些能长时间吸引我注意力的玩具，因为它们需要动脑筋。

成年后，我的工作简直太好了，直接就是研究记忆，这很利于大脑健康。这个工作最大的优势是，我在挑战卓越的道路上不会止步不前，它使我一直领先竞争对手。这意味着，练习记忆技巧以及我为保持头脑敏捷所做的所有练习会一直做下去，这和那个上发条的玩具完全不同。

尽管市面上有数十种旨在训练大脑的游戏机产品，但研究发现，没有确凿证据表明，使用游戏机对学习能力的改善会迁移到日常生活中。也就是说，游戏机似乎只会提高玩游戏的能力。你真的只需要一样工具来锻炼大脑，那就是一副扑克牌。运用我教你的这些技巧，学习记忆一副牌，并反复练习。每尝试一遍，神经通路都将得到加强，改善的不只是记忆，而是整个大脑功能。

每当我感觉反应迟钝，脑子迷糊时，我就拿出一副牌来记，分别记录下用于记忆以及回忆的时间，然后我就特别清楚地知道，大脑是否状态良好。如果显示状态不好，比如回忆用时比平时多，我就马上训练，确保大脑的敏锐度不会下降太多。

大脑需要良好的睡眠

睡眠对记忆的正常运作至关重要。2010 年发表在《自然》杂志上的文章得出结论，白天学习的内容是在当晚睡眠中加以巩固的。另一项在芝加哥大学进行的研究指出，在睡眠期间，大脑可建立并强化联结记忆和学习的神经通路。该研究表明，睡眠可使大脑重新捕捉到白天似乎遗忘了的思想、记忆和所学内容。你会感觉，夜间有某种东西回来了，就是某种白天你竭力要记住的东西。你的大脑，以最放松的状态，让这些通道打开，令你本以为丢失的东西浮现。

我的一周日常

在本章开头，我说我的记忆力仍和以前一样好，甚至更好，原因是我每天进行脑锻炼。不仅如此，我还重视身体锻炼。以下是我普通一周的记忆训练总结。

◎ 星期日

上午：做脑电图检测，测量脑波频率以及两个大脑半球之间的平衡。跑 3.2 公里。

下午：练习记忆数字，两个 5 分钟时间，大约 400 个数字。

◎ 星期一

上午：20 分钟视听刺激（AVS）训练，平衡大脑中的电活动。再次做脑电图检测。

下午：分别计时记忆 10 副洗过的扑克牌。

◎ **星期二**

早上：跑 3.2 公里。

下午：在 15 分钟内记住尽可能多的随机词语。

◎ **星期三**

上午：打一轮高尔夫球赛。用一个小时记忆数字，目标为 2400 位。

下午：逛公园或散散步，看看有没有潜在的新旅行线路。我一般都用摄像机拍下来，便于日后回放复习。

◎ **星期四**

上午：跑 3.2 公里。

下午：借助互联网、杂志、或报纸做人名与头像记忆训练。

◎ **星期五**

上午：30 分钟的二进制数字练习，外加 10 副扑克牌的快速记忆。

下午：训练反思。回想本周所做的练习，确保随着训练的加强有进步。

◎ **星期六**

早上：跑 3.2 公里。

下午：15 分钟的抽象图形记忆和 5 分钟的虚构事件记忆。

除了特定的记忆训练外，每天早上，我早餐都会吃一碗谷物或燕麦粥，比如牛奶坚果什锦粥。我的午餐和晚餐比较清淡但健康，比如烤鱼或禽类肉配蔬菜、沙拉和一些水果。我尽可能不吃薯片和蛋糕类的饱和脂肪，但我确实每周吃一次咖喱。当然，我只少量甚至不喝酒。

三十

好记性有啥用？

我教你的所有技巧，建议你做的所有练习，只要经常使用，用心做，就能让你记忆力超群。然而，记忆训练的好处不只这些。在我挑战记忆极限的过程中，我发现，记忆训练还有一个副产品。固然，成为多届世界记忆锦标赛冠军足够令人惊叹，但真正改变我生活的是记忆训练带给我的“附带收获”。我相信，只要你拥有了惊人记忆力，很多不可思议的事情就会发生在你身上。

改善流体智力

20 世纪，英国出生的心理学家雷蒙德·卡特尔（Raymond Cattell）认为，人类的智力大致可以分为两类：晶体智力和流体智力。晶体智力是你从学习中获得的智力，也就是说，晶体智力来源于所学知识。而流体智力较为缥缈无形，它源自直觉、推理和逻辑。一个人的流体智力越高，说明他的推理能力越强，越擅长抽象思考，解决问题的办法越有创造性和想象力，知识是不一定参与其中的。

怎么区分这两者呢？想象一下孩子在学习新东西时的过程你就明白了。如果一个孩子学会了用法语从 1 数到 10，他的晶体智力就增添了一项，但仅此而已，这个孩子的流体智力是丝毫未改变的，因为流体智力是与生俱来的，和学习无关。

研究表明，我们很多的认知任务都用到流体智力，它在工作和教育中的作用至关重要，尤其是当手头的任务涉及解决复杂问题的时候。衡量流体智力一般要通过心理测试，比如找规律补全数字或图形类测试。虽然我们可以通过多练习熟悉这类测试，但练习实际上并没有对提高流体智力有多大的影响。这就是为什么记忆训练在以提高流体智力中发挥着特殊的作用了。

训练短时记忆（或称工作记忆）用到的某些脑区也是动用流体智力用到的某些脑区，因此记忆训练对流体智力有很大的影响。训练得越多，运用逻辑和推理的能力就越强，直觉越敏锐。

这真是个好消息，那些担心记忆力会随年龄的增长而衰退的人大可放心了，虽然我希望他们早就被我说服，消除这种担心。有证据表明，如果你经常训练自己的记忆力，你的流体智力会永葆青春，不会因年龄增长而变化。

提高专注力水平

我感觉世界记忆锦标赛上最难的项目是以每秒记忆一位数的速度听记一个 100 位的数字。每一位数只读一次，这就是说，选手如果分心，暂时失去注意力，哪怕是一秒钟，这一轮比赛就输定了。之前跟大家提到过，上学时期的我是一个一次注意力很难超过几分钟的人。训练我自己的记忆力，尤其训练世锦赛的听记项目对我的帮助非常大，令我变成了一个能一次性集中注意力数小时的人。

这项技能还可以迁移。现在我不但能够长时间专注于一场演讲或者听某人讲话，我的注意力甚至可以随意开关，全由我自由决定。我认为，再不起眼的记忆训练也会让你更加专注，比如记忆购物清单、记住把车泊在了哪儿，只要你愿意，它可点亮人生。

如果你也像我一样患有注意力缺陷障碍或其他注意力疾病，我确信，我的这些记忆技巧会帮你学会进入这块“脑区”或“心流”状态，激活你的专注能力。当然，不想专注时也能随时停止。如果你原本就是个有专注力的人，学习了这些技巧后，你会更上一层楼，你的先天能力会更进一步。

学到终身技能

我很乐意跟你说，你从这本书中学到的将伴你终身。一旦经过训练，能玩转记忆技巧，你永远不会失去此项技能。

当然，你需要练习，牢牢地建立起通道。在任何领域，仅想通过读一本书，然后随手把它放到一边，抛之脑后，是不可能变成专家的。如果你想在任何领域都走在前头，你必须求之若渴，坚持不懈，大力投入时间训练。

我之前提过，记忆训练的好处是，你可以随时随地进行。当然，就像骑自行车，如果有一段时间不骑，你再骑上时可能会摇晃几下，但基本技能还在。

当我几年没有参加记忆赛事时，我记忆信息的速度会变慢一点，但我仍能相对轻松地表演记忆技巧。稍加训练，我就能重返赛场并且获胜，尽在我的掌握之中。

所以，如果你有一段时间没有练习，不要怀疑你之前铺设的道路已经杂草丛生。以前的努力不会白费，只要你勤学苦练，掌握每一个新的记忆技巧，你就能收获一项新的终身技能。

三十一

成果验收

至此，方法都在这里了，你也已经付诸实施，记过购物清单，记过待办事项，还记过工作日程和个人身份识别码，等等。平时常做这些练习，大脑会得到相当重要的锻炼，得以达到最佳状态。

此时该测试一下自己的进步了。本章给出若干测试（见第 266—269 页），前两个与本书开头的类似。当时你进行了一次基线测试，为的是让自己知道学习记忆技巧之前的记忆水平，以便可以作为参照，了解学习记忆技巧之后的进步表现。

为了给你一些鼓励，让你相信自己已经学到了东西，我可以告诉你，我曾经教过一批学生，年龄从 10 岁到 17 岁不等。教了链条法后，简直立竿见影，他们记忆词语的分数都提高了。教了数字 - 形状记忆法后，数字记忆能力有小幅度提升。但当教过了多米尼克记忆法，以及如何将其与路径记忆法结合使用后，学生的记忆水平有了一个巨大的飞跃，他们能够在约 15 分钟里记住 80 个以上的数字。值得一提的是，许多人只经过了几周的训练就有了这样的成绩。

大家请记住，这些测试只是告诉你，你是否学会了运用这些方法，用得好不好。我的目的不是教你怎么记住一长串数字或词语，而是给你一套方法，助你获得强大的记忆力，从而应用于日常生活。我的学生告诉我，他们这样做了，感觉的确有作用。

我希望，在你跟随这些训练，掌握一个个方法之后，你会和我的学生一样，得分有大幅度的提高。这之后，可以再做一些难度更大的练习。所以，这几个测试之后，我另外给你 3 个接近世界记忆锦标赛预赛水平的练习。如果觉得难，请别灰心，这本就是故意要为难你的！不过，我猜想，只要稍加练习，你会惊讶于自己的优秀。

重绘基线

测试 1： 3 分钟词语记忆

选择最适合自己的策略，按顺序记忆下面有30个词语的列表，顺序为由左及右、由上而下。与本书开头章节的练习一样，使用计时器定时，免去看时间的动作。记忆阶段定时3分钟，回忆阶段时间不限。将回想起的词语写在纸上，然后对照列表，算出得分。每对一个且顺序无误得1分，顺序错误扣1分。两个词语位置交换，算两个位置错误，扣2分。下一个正确的词语继续得分。比方说，你在规定时间内成功记住了15项，最高得分为15分。也就是说，没有记住的词语不扣分。

饼干	颅骨	记事簿
金银珠宝	轮椅	胡须
冷库	梯子	教师
猎犬	连衣裙	锚
长笛	鲜花	叉骨
5 美分硬币	婴儿	文件
三明治	割草机	鞭子
茶匙	靶子	卡通
地图集	雪屋	血
滑雪板	洋葱	飞蛾

成绩如何？任何超过15分的成绩都是很棒的。能得20几分的话，尽情为自己骄傲吧。低于15分的话也不要失望，这是因为你的关联还不足，继续反复练习，强化关联，印入脑海。日常生活中想方设法练习记忆技巧。

测试 2：3 分钟数字记忆

采用任何你喜欢的方法，在3分钟内从左到右、从上向下记住以下30个数字。数字和位置都正确得1分，位置错，扣1分。同样，两个数字互换了位置算作两个位置错误，扣2分。以此类推。

4	2	1	6	6	3	0	0	7	1
9	5	8	0	4	5	3	9	2	7
3	8	1	1	2	9	3	4	5	7

对比此次的分数与你本书开头时所做的练习得分，看看有没有差别。如果你本次得分在15分以上，说明你已经掌握了将数字转换为更易记的项目的诀窍。继续做此练习，直到全对。同样，如果你的得分未达到自己的期待值，坚持下去，熟能生巧。

高级记忆测试

测试 1： 5 分钟词语记忆

在5分钟内，按照从左向右的顺序，逐列从上向下，尽可能多地记忆下方词汇表。回忆阶段无时间限制。每对一个词语且位置正确得1分；每列错一个扣10分，错两个及以上，整列不得分。20分为“好”，30分为“极好”。这项测试在英国公开赛上的最佳分数为70分。

拉链	账单	乌鸦	救济	肥皂
工业	锌	角斗士	手风琴	激光
门闩	农学家	薰衣草	岩石	间歇泉
酒吧	骆驼	庄园	野兽	骨灰盒
灭火器	酵母	雕像底座	事实	蛋白石
彗星	鹳	秋天	捕鲸叉	大黄菜
花瓣	婴儿床	猎鹰	膨胀	鹦鹉
学位	真菌	互联网	腊肠犬	潜艇
手推车	苹果	医生	大黄蜂	牙齿
船身	漫画	雨伞	小鬼	小号
黄蜂	银行	进口	投票	高架渠
展览	气溶胶	轮盘赌	污垢	起诉
猎鹬犬	修道院	防水布	拨号	间奏
玩具	赤道	数字	海狸	沙鼠
嫩芽	檐沟	地质学家	手帕	滤器
人	小点儿	护手刺剑	加利福尼亚州	污水管
棒棒糖	闪光纸	烹饪法	例子	斗牛犬
毒蛇	轮廓	起重机	蝰蛇	屋顶滴水兽
箭	壁龛	寺庙	鼬	罗盘
专业	普通话	啄木鸟	鬣蜥	幻觉

测验 2：5 分钟快速数字记忆（见第 268 页）

用5分钟时间，按照顺序逐行记忆尽可能多的数字。数字正确且位置无误得1；一行当中出错一个，扣20分；错两个及以上，扣掉整行的分数。最高得分为440分。得20—30分为“好”；31—40为“极好”；超过40分，你就有可能成为冠军。世界纪录为405。

测验 3：5 分钟二进制数快速记忆（见第 269 页）

用5分钟时间逐行记忆以下二进制数字。数字正确且位置无误得1分（满分750分）；一行中错一个扣15分，错两个及以上扣30分。得分在30—60为“好”，超过60分为“极好”。世界纪录是670分。

测验 2：5 分钟快速数字记忆

3 4 8 3 1 1 3 9 5 8 5 7 6 7 8 5 2 7 7 3 1 5 1 6 6 4 7 2 8 0 3 5 0 6 1 9 3 5 9 7

8 5 6 8 4 6 0 5 3 5 6 1 2 3 1 8 2 8 5 8 8 5 6 5 0 4 4 3 5 7 4 9 3 0 1 6 0 3 9 7

0 2 0 1 2 9 9 6 8 4 4 9 4 0 5 0 2 9 7 1 3 7 4 9 5 3 8 2 6 3 4 2 3 9 9 2 5 0 3 1

0 2 2 2 9 9 8 5 1 1 3 8 4 2 5 4 4 6 2 0 5 4 7 2 9 4 0 6 9 4 0 4 1 9 7 4 6 6 1 0

9 1 2 9 7 3 7 5 0 4 1 9 1 3 9 6 9 7 8 7 3 0 5 3 9 0 9 2 2 3 0 6 2 2 7 9 9 3 8 0

9 0 9 2 3 6 2 5 2 8 6 5 3 9 5 3 4 6 5 0 4 0 7 6 7 8 5 9 9 1 3 2 2 4 2 1 8 7 7 3

2 3 7 8 1 8 6 4 5 1 9 1 5 8 6 2 3 7 1 3 0 8 0 1 0 0 6 0 9 8 1 4 4 0 5 5 8 6 6 0

7 3 4 3 7 1 5 8 8 1 0 2 6 4 2 2 7 5 3 3 8 9 4 5 1 7 8 3 5 5 6 0 8 4 2 1 4 0 9 8

7 3 4 4 7 1 6 5 8 8 9 0 2 6 9 8 2 5 1 5 1 4 9 8 1 0 7 8 8 8 4 1 1 2 9 3 1 3 8 7

2 2 9 6 9 9 1 0 3 5 2 8 5 2 9 6 9 5 4 2 3 9 6 7 1 0 6 0 2 1 5 2 2 2 2 5 7 4 6 5

1 6 2 5 6 4 5 3 6 7 3 5 5 3 4 4 7 5 8 4 0 6 5 5 9 7 7 7 2 8 3 5 4 0 7 3 5 6 3 5

测验 3：5 分钟二进制数快速记忆

1	1	1	0	1	1	1	0	0	1	0	0	1	1	0	0	0	1	0	1	1	0	1	1	1	1	0	1	1	0	第 1 行
1	1	0	1	1	1	0	1	1	1	1	1	1	1	1	1	0	0	1	0	1	0	1	1	1	1	1	0	0	1	第 2 行
0	1	0	1	1	0	1	0	0	1	1	1	0	0	1	0	0	1	0	0	0	1	1	0	0	0	1	1	0	0	第 3 行
0	0	0	0	1	0	1	1	1	0	0	0	0	1	0	1	0	0	0	1	0	0	1	0	1	1	1	1	0	1	第 4 行
0	1	1	1	0	1	1	1	1	1	0	1	0	0	0	1	0	1	0	1	1	1	1	0	1	0	0	0	1	1	第 5 行
1	1	1	0	0	1	0	1	0	0	0	0	1	0	0	1	0	0	0	1	1	0	0	1	0	1	0	1	1	1	第 6 行
1	1	1	1	1	1	1	1	1	1	1	1	0	0	0	0	1	0	1	1	0	1	1	1	1	1	0	0	0	0	第 7 行
1	0	1	0	0	1	1	0	0	1	1	1	0	1	0	1	1	0	0	0	1	1	1	1	1	0	0	0	1	0	第 8 行
0	1	1	0	0	1	0	1	0	1	0	0	0	1	1	1	0	0	0	1	1	0	1	0	0	0	1	0	1	1	第 9 行
1	0	1	1	0	0	1	1	1	1	0	0	0	0	1	0	1	1	0	0	0	1	0	1	0	0	0	0	1	0	第 10 行
1	0	0	1	1	1	0	0	0	0	0	1	1	1	0	0	1	1	0	0	1	1	1	1	1	0	1	0	1	0	第 11 行
1	1	0	0	1	0	1	0	1	1	0	0	1	0	1	0	1	1	0	1	0	1	1	0	0	0	0	1	1	0	第 12 行
1	0	1	0	1	1	0	0	1	0	0	1	0	0	0	1	1	0	1	1	0	0	0	1	1	1	1	1	0	0	第 13 行
0	1	0	1	0	0	0	1	1	0	1	1	1	1	1	0	1	1	1	1	0	0	1	1	1	1	1	1	0	0	第 14 行
1	1	1	1	0	1	1	0	0	1	1	0	1	1	0	1	0	0	0	1	1	1	1	1	1	0	1	1	1	1	第 15 行
1	1	1	0	1	0	1	0	0	0	1	0	0	0	0	1	1	0	0	1	1	1	1	0	1	0	1	1	0	0	第 16 行
0	0	0	1	1	1	0	0	0	0	0	1	1	1	0	1	0	0	0	0	0	0	1	1	1	1	1	0	0	0	第 17 行
1	0	0	1	0	1	1	1	1	0	0	0	0	0	1	1	1	0	0	0	0	0	1	1	1	1	1	0	0	1	第 18 行
0	0	0	1	1	0	0	1	0	1	0	1	1	1	0	1	1	0	0	1	1	1	0	0	1	0	1	0	1	1	第 19 行
0	0	0	0	0	1	1	0	0	1	1	0	1	0	0	0	0	0	0	0	0	0	1	0	1	1	1	0	0	1	第 20 行
0	0	0	1	1	1	1	1	1	1	0	1	1	0	0	1	0	0	0	0	0	1	1	0	0	1	1	1	0	1	第 21 行
0	1	0	0	1	0	1	0	0	0	0	0	1	0	1	0	0	1	1	0	1	1	0	0	0	0	1	0	1	1	第 22 行
1	0	0	1	1	0	1	0	0	1	1	0	1	0	0	1	1	1	0	1	1	0	1	1	1	1	0	1	1	0	第 23 行
1	0	1	1	0	1	0	0	0	1	1	0	1	1	0	0	1	0	0	0	1	0	0	1	1	1	1	1	1	1	第 24 行
0	1	0	0	0	1	0	0	1	0	1	1	1	1	0	1	1	0	0	0	1	0	1	0	1	1	0	1	0	1	第 25 行

后记：未来的世界记忆锦标赛

在本书即将结束时我想做一个简短的说明，说明我为什么一定要将我的记忆技巧奉献给大家，同时希望你也能将它们传给其他人。我上学的时候，没有人教我如何学习。可我和我的同龄人一样，被要求努力吸收和消化知识，参加考试，检验对所学内容的掌握程度。现在回想起来，如果当时有人给我一些基本的有关记忆技巧的指点，我想我的表现会好得多。

今天，我们的孩子受到的教育与我当时接受的教育完全不同。当年的重点是死记硬背，都是死读书，考试就是看记住了多少。现在的孩子们不仅要通过考试，还要通过做项目以及动手做作业来展示他们学到的东西。他们必须向他人展示自己真正理解了所教的内容。

然而，尽管教育发生了这些变化，训练有素的记忆力仍然是提高孩子理解力的宝贵工具。无论采用何种方式学习，孩子们的成长都是建立在以往所学知识的基础之上的，是日积月累的结果。在学校教育中，记忆力和以往一样重要，有了它，头脑才灵活、专注，才能发挥出最大的潜力。

2008年，我参与了一项活动，到英国的各个学校宣讲记忆技术。这项活动的目的不是教记忆技巧，而是向学生展示，通过专注于记忆“游戏”，怎么样提高学习成绩。我们派出了演示者，到各学校进行两个小时的演讲。学生在接下来的几个星期里，练习所教的方法，然后参加校内比赛。这种模式反响很不错，学生、老师和家长都反映，我们所教的技能轻松地运用到实际学习中。学生的学习成绩、自尊水平、学习动机都得到了提高，学生的学习热情也异常高涨。我们设立了全英学校记忆锦标赛，如今每年都吸引一万多名的参赛者。

学生及其家长，当然包括我自己，认同本书所教技术的原因是，它调动的是全脑，而非只是用于学习知识的那部分大脑区域。当然，毋庸置疑，这些技术对于当年以背诵为主的学习肯定大有帮助，但它们今天依然可以惠及学生，因为它们带给学生的绝不仅是背诵能力。当运用记忆技巧时，无论是儿童还是成年人，都需要想象彩色的画面，将迥然不同的事物关联在一起，这都会刺激大脑，揭示记忆和学习的规律。

对于我向学校建议的这些方法，我听到的唯一的反对声音来自一位老师。他问我：“教记忆有什么意义呢？学习不是记忆，而是理解。”我请他举出一个例子，说明不需要记忆就可以理解的事物，他没有给我回答。

虽然我不同意那位老师的观点，但我理解他为什么不愿意被拉入项目。记住一个2000位数或20副纸牌有什么意义呢？那么，在400米跑道上用尽力气跑有什么意义呢？那只是在转圈啊。11名成年人追着足球从一头跑到另一头想把球踢进网子里，而另外11名成年人全力阻止他们进球又有什么意义呢？无论是足球、跑步、网球、冰球、飞镖、记忆以及你在乎的任何游戏或比赛，它们的意义在于，在追求目标、达成目标的过程中都需要各种学习。学习如何将其变为专长；学习如何接受失败并坚持到底，直到成功；学习为自己的成就感到骄傲；学习心平气和地面对失败；学习欣赏自己。

户外运动可以锻炼身体；记忆52张纸牌的顺序可以锻炼大脑，虽然它本身或许没有什么用。无可辩驳的是，它能让你拥有无限的想象力。当孩子们做记忆练习时，他们释放创造性思维。成年人也一样。当开始挑战极限，展现大脑不可思议的真正潜力时，自信随之而来。尤其是当孩子们发现自己惊人的记忆力后，他们会认清学习的本质，会明白，学习知识可以是很有趣的，很鼓舞人心的，且有回报的；会明白，学习不是因为有父母和老师的要求。越来越多的证据表明，训练短时记忆可以提高流体智力。该智力允许我们横向思考、促进问题得以解决，而不必遵循预定的模式。你完全可以坚信，教授记忆技能的意义显而易见，根本无须讨论。

我希望这一路走来，你感到愉快。写这本书让我重温了一遍和记忆技术打交道的岁月。我希望能让你看到，记忆力训练带给你的不仅是回忆能力，它能带给你的要多得多。看一看我在本书最前页列出的以时间为序的个人成就，来激励一下自己吧。说不定哪天我们会在记忆锦标赛上相遇呢？但愿如此！

这是值得的

几年前，我应邀去一些表现不佳的学校为那里孩子做演讲。我与这些学生一起待了 3 个小时，为他们做了表演，也让他们自己表演一个记忆技巧。那是我第一次教一帮学生。在回家的路上，我就思考，这有意义吗？我有没有成功地启发了孩子们呢？我这一趟是不是对孩子们来说只是一个有趣的消遣？他们是会退回老路还是有所收获——收获一个新技能，并日后加以培养，助益自己的学习呢？

5 年后，我在伦敦参与举办英国公开记忆锦标赛时，一名男子拍了拍我的肩膀说："奥布莱恩先生，你不会记得我，但几年前我还是学生时，参加了你的记忆技能课程。"他是我的第一批学生里的一位。他对我说，我给了他一本我写的书，他一直没看，但后来看过之后，他感到我那天教的一切一下子历历在目，突然有了意义。

他说，他使用过这些技巧进行备考，目前在大学任教。我问他为什么来这儿，他很自豪地说，他是参赛选手。那年他得了第八名，第二年他是银牌获得者，只输给了世界冠军本·普里德摩尔（Ben Pridmore）。

每当我产生怀疑，不确定分享我的技巧是否有用时，我就会想想这件事。它总令我坚信，自己所做的事是有益的。如果它能对某个班上的一个孩子产生影响，那么当时所花的每一分钟的教学和分享都是值得的。